Grundriß

der

Naturgeschichte

für

Real- und höhere Bürgerschulen

von

Dr. Carl Bischoff,
Lehrer an der Königstädtischen Realschule zu Berlin.

Erste Abtheilung.

Botanik.

Berlin, 1852.
Druck und Verlag von Georg Reimer.

Vorrede.

Wie alle übrigen Zweige der Wissenschaft, so leiden namentlich auch die Naturwissenschaften eher an einer Ueberfüllung, als an einem Mangel an Lehrbüchern für Schulen. Die bedeutende Zahl solcher Bücher aber, und die allgemeine Erscheinung, daß selten ein Lehrer durch die vorhandenen sich befriedigt fühlt, ist ein Beweis, daß dieselben noch Manches zu wünschen übrig lassen und daß sie dem Zwecke, den Schüler leicht in das Reich der Natur einzuführen und ihm ein übersichtliches Bild derselben zu geben, nicht in dem erwarteten Grade entsprechen. Der Grund mag theilweise in der Anordnung liegen, durch welche bei den sogenannten methodischen Lehrbüchern der Stoff methodisch zerrissen wird. Der Lehrer muß Methode haben, er mag und muß vom Leichteren zum Schwereren fortschreiten; dem Schüler auf den verschiedenen Stufen aber verschiedene Lehrbücher in die Hand geben, ist durchaus unzweckmäßig. Er wird in keinem derselben heimisch, abgesehen davon, daß Lücken in dem einen, Wiederholungen in dem anderen Cursus nicht zu vermeiden sind. Der Fehler der Lehrbücher, denen die allein richtige, systematische Anordnung zu Grunde liegt, ist darin zu suchen, daß sie mehr oder weniger bloße Namenverzeichnisse sind, denen bei jedem Namen eine trockene Diagnose beigefügt ist. Sie werden in der Botanik florenartig, und machen um so größeren Anspruch auf Brauchbarkeit, je mehr Species einer Gattung sie aufgeführt haben. Das aber, was dem Schüler, außer der allgemeinen Entwickelung des Geistes, aus den naturgeschichtlichen Lehrstunden für das Leben bleiben soll, sind nicht die in dem Buche gegebenen dürftigen Beschreibungen der einzelnen Gattungen und Arten, sondern eine allgemeine Anschauung vom inneren Bau und Leben der Pflanze, also die Anatomie und Physiologie; die allgemeine Anschauung der äußeren Gestalt und Bildung der Pflanzen, also die Beschreibung der Familien; das Verhältniß der Pflanzen zu Raum und Zeit, also die geographische Verbreitung der Pflanzen und die Entwickelung der Vegetation unseres Erdballes von dem Auftreten der ersten Organismen bis auf die Jetztzeit; endlich das Verhältniß dieser oder jener Pflanzengruppe oder Pflanze zu den übrigen Organismen, namentlich aber zum Menschen, also die medicinische, ökonomische oder technische Anwendung der Pflanzen. Alles Sachen, die in den meisten unserer bisherigen Schulbücher entweder geradezu fast mit Sorgsamkeit ausgelassen, oder die im günstigsten Falle doch nur höchst dürftig behandelt wurden.

Dies sind die Grundsätze, aus denen vorliegender Grundriß der Naturgeschichte hervorging, dessen Bearbeitung zu unternehmen ich kaum gewagt haben würde, wenn ich nicht durch den Director und Prof. Hrn. Dielitz dazu aufgefordert und ermuntert worden wäre. Ob diese meine Grundsätze die richtigen seien, und ob ihnen gemäß überall das Richtige und Nothwendige hervorgehoben ist, muß dem unpartheiischen Urtheile Sachkundiger überlassen bleiben. Daß der Stoff dem Manne von Fach bekannt sein muß und nichts Neues bieten kann, versteht sich von selbst. Dasselbe gilt von den an manchen Stellen wörtlich benutzten Quellen, deren namentliche Anführung ich mir demnach erspare. Zoologie und Mineralogie, in ähnlicher Art bearbeitet, werden schnell folgen.

Inhalt.

Einleitung.

Unterschied von Thier und Pflanze.

§. 1. Thiere sind Organismen mit Magen, Mundöffnung, willkürlicher Bewegung, Empfindung; Pflanzen sind organisirte aus vielen Individualitäten zusammengesetzte Wesen, ohne Magen, ohne willkürliche Bewegung, meist ohne Empfindung. Auf den untersten Stufen schwankt der Begriff von Thier und Pflanze.

Eintheilung der Botanik.

§. 2. Botanik, Pflanzenkunde, betrachtet die Pflanze entweder als Individuum, nach äußerem und innerem Bau und nach den Verrichtungen der Organe und heißt dann Organographie (Anatomie und Physiologie, Organologie); oder in ihrer Stellung nach Außen, und zwar entweder zu den übrigen Pflanzen: Systematik, oder zum Menschen und Thiere: angewandte Botanik, oder endlich zum Erdkörper: Pflanzengeographie.

Erster Theil.

Organographie.

Cap. I. Elementarorgane der Pflanzen.

1. Die Zelle.

Arten der Zellen.

§. 3. Alle Theile der Pflanze sind aus Zellen, oder aus diesen und Gefäßen zusammengesetzt. Die Zelle, ein ursprünglich rundes, helles, mit Flüssigkeit erfülltes, structurloses Bläschen, hat die Eigenschaft, obgleich ohne jede bemerkbare Oeffnung, Flüssigkeiten und Gase durch Endosmose und Exosmose in sich aufzunehmen, sobald die innere und äußere Flüssigkeit von ungleicher Dichtigkeit sind. Lose Zellen behalten ihre runde Form (Merenchym); durch gegenseitigen Druck werden sie eckig, namentlich würflig oder dodecaedrisch, doch auch tafelförmig, oder prismatisch (Parenchym) oder langspindelförmig, mit den spitzen Enden schief aneinandergelegt (Prosenchym); endlich sehr lang gestreckt und dickwandig (Pleurenchym, Baströhren).

Inhalt und chemische Zusammensetzung der Zellen.

§. 4. Aus dem, Zucker, Gummi, Schleim, Eiweiß, Säuren, Alkalien und Salze enthaltenden klaren Zellsafte, der meist unbeweglich, oft aber (Chara) rotirend ist, scheiden sich als Neubildungen durch Zellenthätigkeit: Zellenkerne (Cytoblasten), grüne Zellsaftkügelchen (Chlorophyll, Blattgrün), Farbstoffe, Stärke, Schleimkörnchen, Oeltropfen, Membranstoffe und Krystalle aus. Die wichtigsten Farbstoffe nächst dem Chlorophyll sind das aus diesem entstandene Anthoxanthin oder Blumengelb und Anthocyan oder Blumenblau, die die blaue und gelbe Farbenreihe der Blumen, so wie die Herbstfärbung der Blätter, wohl auch die Färbung der reifen Früchte bedingen. Beide können zwar in Roth und Weiß aber nicht reines Gelb in Blau und umgekehrt in der Blume übergehen. Sauerstoff, Wasserstoff, Stickstoff und Kohlenstoff sind die wesentlichen chemischen Bestandtheile, aus denen die Zelle und ihr Inhalt, also die Pflanze überhaupt, besteht; doch auch Chlor, Jod, Brom, Schwefel, Phosphor, Kiesel, Kali, Natron, Kalk, Magnesia, Thonerde, Eisen, Mangan kommen in den Pflanzen in verschiedener Menge vor.

Wachsthum der Zellen.

§. 5. Durch die in die Zelle aufgenommenen, gelösten Stoffe wird diese vergrößert und durch Ablagerung des ausgeschiedenen Membranstoffes in der Richtung einer Spirale verdickt. Dehnt sich die Zelle nach der Ablagerung noch weiter aus, entstehen Spiralfaserzellen. Kanäle durchsetzen oft die Verdickungsschichten, wenn diese stärker werden, radial und erhalten die Communication zwischen den Nachbarzellen (getüpfelte und netzförmige Zellen).

Vermehrung der Zellen.

§. 6. Die Entwickelung der Zellen ist entweder Urbildung, indem sich neue Zellen in einem stickstoffhaltigen, structurlosen Bildungsschleime bilden (Hefe) oder Vermehrung derselben, indem sich jene gebildeten Zellen durch Bildung neuer Zellen in ihnen und Resorption der Mutterzelle, oder durch Abschnürung der alten Zelle in zwei neue, die nun weiter wachsen, vervielfältigen.

2. Gefäße.

Entstehung der Gefäße.

§. 7. Die Gefäße entstehen durch Aufzehrung der Zwischenwände senkrecht übereinander stehender gestreckter Parenchymzellen; haben daher ursprünglich eine durchsichtige, homogene, später wohl durch Ablagerungen verdickte Haut.

Spiralgefäße.

§. 8. a. Spiralgefäße (abrollbare, unabrollbare, Ringgefäße, netzförmige Gefäße, Treppengänge, getüpfelte Gefäße). Einfach, unverästelt, mit einer freien, oder ganz, oder theilweise angewachsenen, bandförmigen Spiralfaser im Innern. In der Jugend stets, im Alter nur periodisch Saft, sonst aber luftführend (ebenso wie das Parenchym und die Baströhren).

Milchsaftgefäße.

§. 8a. b. Milchsaftgefäße. Einfach oder verzweigt, führen den trüben, gefärbten (oder ungefärbten), aus einem Gemenge verschiedener, oft energisch wirkender Stoffe zusammengesetzten Milchsaft, der in ihnen lebhaft circulirt (Cyclose), dessen Bestimmung aber noch unbekannt ist. Er ist von großer Wichtigkeit in der Medicin und Technik: Opium von Papaver, Euphorbium von Euphorbia, Antschargift von Antiaris toxicaria, Gummigutt von Guttifera vera u. a. Pflanzen, Kautschuk von Siphonia elastica u. a. Pfl., Milch vom Kuhbaum, Galactodendron utile.

3. Gewebe der Pflanzen.

Zellgewebe, Epidermis, Cuticula, Intercellulargänge, Gefäßbündel.

§. 9. Durch Vereinigung der Elementarorgane entsteht das Gewebe der Pflanzen: Zellgewebe, Fasergewebe und Gefäßgewebe. Bei allen Pflanzen bildet das Zellgewebe die Hauptmasse (zuweilen die Gesammtmasse: bei jungen, noch in der Bildung begriffenen Theilen, und bei vielen Kryptogamen, wie Pilzen, Flechten, Algen, als Lager, thallus). Die äußerste Schicht des Zellgewebes ist die verdickte, durch Spaltöffnungen (stomata) mit der Luft communicirende, zuweilen noch von der cuticula bedeckte Oberhaut, epidermis, die mit Haaren, Stacheln und Drüsen, Erhebungen einzelner Epidermiszellen, besetzt sein kann. Zwischenräume zwischen den einzelnen Zellen heißen Intercellulargänge, die sich oft erweitern zu Luft-, Balsam- und Harz-Höhlen oder Canälen. Bei den Moosen tritt zum Zellgewebe noch Fasergewebe; bei den höheren Pflanzen vereinigen sich jene drei Gewebe so, daß die Faserzellen und Spiralgefäße zu Gefäßbündeln zusammentreten, die die Längenaxe der Pflanze einnehmen und umgeben sind vom Zellgewebe. Die Gefäßbündel dienen (zeitweise) zur Leitung der rohen Nahrungssäfte, das Zellgewebe zur Ausbildung desselben.

Cap. II. Ernährungsorgane der Pflanzen.

Zusammengesetzte Organe.

§. 10. Aus der Zusammensetzung der Elementarorgane der Pflanzen, von denen die Zellen im thallus der niederen Pflanzen selbstständig auftreten, bilden sich bei den höheren Pflanzen die zusammengesetzten Organe und zwar durch die Gegensätze von Oben und Unten, Innen und Außen: Stamm und Wurzel als Axenorgane, Blatt, Blüthe, Frucht und Same als Anhangsorgane. Wurzel, Stamm und Blatt sind Ernährungsorgane, Blüthe, Frucht und Same Fortpflanzungsorgane.

1. Die Wurzel.

Pfahlwurzel, Nebenwurzel, Luftwurzel, Pilzwurzel.

§. 11. Die Wurzel (radix), in der Regel in die Erde oder in Wasser versenkt, selten in die Luft gehend (Orchideen, Epheu)*), meist verzweigt, selten einfach, tritt hauptsächlich in 3 Modificationen hervor, die im Allgemeinen den 3 Hauptabtheilungen der Pflanzen entsprechen.

Bei den Dicotyledonen (Moorrübe, unsre Bäume) die Pfahlwurzel, ein bis an die Spitze erkennbarer Wurzelstamm, der mit vielen verzweigten Wurzelästen besetzt ist; die feinsten Zweige heißen Wurzelzasern und sind mit den Wurzelhaaren besetzt, deren obere Schicht, ein unregelmäßiges Zellgewebe, früher fälschlich Wurzelschwämmchen genannt wurde.

Bei den Monocotyledonen (Palmen, Gras, Zwiebel) die Nebenwurzel oder Büschelwurzel, eine Vereinigung gleich starker oder gleich dünner Wurzeln, die sämmtlich aus dem Grunde des Stammes hervorgehen, eine Pfahlwurzel nicht zeigen, sich wenig verästeln. Sie entsteht auch aus allen andern Pflanzentheilen, und tritt auch bei den Dicotylen auf, am Grunde, wenn die Pfahlwurzel abgestorben ist (Succisa pratensis), oder am Stamme (Luftwurzeln des Epheu, der Orchideen, der Rhizophora Mangle; letztere bis 100′ lang, gehen von den Aesten zur Erde, wurzeln wieder, bilden neue Bäume und endlich einen undurchdringlichen Wald).

---

*) Oder in das Gewebe anderer Pflanzen (rad. notha, falsche Wurzel der Schmarotzerpflanzen).

Bei den Acotyledonen (Pilzen, Flechten, Algen, Moosen) ein verfilztes, fadenförmiges Gewebe, zuweilen nur eine Saugscheibe, also keine eigentlichen Wurzeln.

Formen der Wurzel.

§. 12. Auf den Dimensionsverschiedenheiten der Pfahlwurzel, wie der Nebenwurzel beruht die Unterscheidung in haarförmige, fadenförmige, wurmförmige, walzenförmige, spindelförmige, rübenförmige, knotige, knollige, handförmige Wurzeln.

Bildung und Bau der Wurzel.

§. 13. Die Wurzel entwickelt sich aus dem Würzelchen (radicula), des Embryo, indem in ihm sich zwischen Basis und Spitze fortwährend neue Zellen bilden, die Spitze dadurch nach unten schieben, so daß Basis und Spitze der Wurzel die ältesten Zellen enthalten. Wo das Würzelchen fehlt, also bei den Stämmen, oder nicht zur Entwickelung kommt (Monocotyledonen), entsteht eine kleine, kegelförmige Gruppe bildungsfähiger Zellen, die sich verlängert, durch die Rinde hervorbricht, und zur Nebenwurzel ausbildet. Die Gefäßbündel der Wurzel bestehen meist aus getüpfelten Spiralgefäßen und dünnwandigen, in einen Kreis gestellten Zellen, die an der Spitze so zusammen rücken, daß alles Parenchym in der Mitte verschwindet. Da das Mark so wenig entwickelt ist, oft ganz fehlt, so ist dafür die Rinde sehr entwickelt, zeigt oft Bastbündel und Lebenssaftgefäße und enthält viele Ablagerungen organischer und unorganischer Stoffe.

Verrichtungen der Wurzel.

§. 14. Die Wurzel ist Haftorgan und Ernährungsorgan; letzteres vorzüglich durch die Wurzelzasern und Wurzelhaare. Alle Nahrung im flüssigen Zustande aufgenommen, dann aber selbst Gifte. Hauptnahrung ist Wasser mit Kohlensäure und Ammoniak.

2. Der Stamm.

Formen des Stammes.

§. 15. Stamm ist die Fortsetzung des Wurzelstammes; durch Beziehung zu Luft und Licht weit mannigfaltiger gebildet als die Wurzel. Er ist entweder mehr oder weniger wurzelähnlich, caudex, **Stock**, oder wirklicher Stamm im engeren Sinne, caulis, **Stamm**. Zum Stock gehören: Zwiebel, bulbus, Knolle, tuber, Wurzelstock, rhizoma, Knollenstock, cormus, zum Stamm dagegen: Moosstengel, surculus, Halm, culmus, Palmenstamm, cauloma, Stengel, caulis, Holzstock, truncus.

Nebenachsen oder Aeste und Knospen.

§. 16. Der Stamm oder die Hauptachse ist selten einfach bis zur Blüthe, meist mit Aesten besetzt, deren Verhältniß zur Hauptachse, namentlich deren Richtung das Ansehen der Pflanzen bestimmt. Die Nebenachsen oder Aeste entstehen aus Knospen, die als Gipfelknospen, Achselknospen oder Nebenknospen am Ende der Achse, in der Achsel eines Blattes oder an jedem anderen Theile des Stammes entstehen, von Außen mit schützenden Deckschuppen besetzt sind, und sich beim Wachsthum auseinanderschieben. Eine Verkürzung der Nebenachsen läßt die Blätter als Blätterbüschel sämmtlich aus einem Punkte entspringen (Berberis, Pinus Larix), eine Verkümmerung derselben bildet den Dorn (Prunus spin). Die Sprossen, stolones, und deren Abarten: Schoß, Ausläufer und Stocksprosse sind Arten von Nebenachsen. Die Knospen und die Nebenachsen sind die eigentlichen, nur äußerlich zu einem Haufen verbundenen Individuen der Pflanze, haben deshalb die Fähigkeit, von den andern getrennt, sich selbstständig weiter zu entwickeln, worauf die Operationen des Okulirens, Pfropfens und Absenkens beruhen.

Bau des Stammes und seine Wachsthumsweise im Allgemeinen.

§. 17. Der innere Bau des Stammes, unabhängig vom äußeren Ansehn, beruht auf der Anordnung und Beschaffenheit der Gefäßbündel. Auch hier tritt der Unterschied der Hauptpflanzengruppen scharf hervor, indem die Acotyledonen meist ganz ohne eigentlichen Stamm, wenigstens ohne Gefäßbündel, bleiben, die Monocotyledonen unregelmäßig gestellte, die Dicotyledonen regelmäßige Gefäße zeigen.

Bau des Dicotyledonenstammes.

§. 18. Der Dicotyledonenstamm ursprünglich nur aus Zellen bestehend, zeigt bald Gefäßbündel, die im Querschnitt keilförmig sind, nach innen aus einem Holztheile nach außen aus Bast bestehen; zwischen beiden liegt eine Schicht bildungsfähigen Gewebes (Cambium). So bleibt er meist im einjährigen krautartigen Stengel, und im ausdauernden Stengel im ersten Jahre. Zuweilen verwachsen schon beim Krautstengel, sicher aber beim mehrjährigen Stengel zu Ende des Jahres oder im Anfange des folgenden die Holzbündel zu einem hohlen Cylinder, der Markscheide. Aus dem Cambium erzeugt sich in jedem Jahre eine neue Schicht Holzbündel, die zu Jahresringen verwachsen, aber durchsetzt sind von den Markstrahlen, den zwischen den einzelnen Gefäßbündeln liegenden Resten des Mark und Rinde verbindenden Parenchyms. Die inneren, älteren Schichten heißen Kernholz, die äußeren, jüngeren Splint. Das Mark, aus saftigen, später aus trocknenden, luftführenden Zellen bestehend, zeigt nach der Pflanze verschiedene Stärke; kann in der Folge zerstört werden (hohle Stengel).

Außen ist der Stamm von der Rinde umgeben. Sie zeigt ebenfalls 3 Schichten: die äußere zellige Korkschicht mit der Oberhaut, die mittlere grüne Zellschicht, deren Zellen nicht bloß viel Chlorophyll, sondern auch ätherische Oele, überhaupt die in der Rinde wirksamen Stoffe enthalten, und die innere Bastschicht, aus sehr langen, feinen, geschlängelten Prosenchymzellen von großer Zähigkeit bestehend und oft von Milchsaftgefäßen begleitet. Jede dieser Schichten kann sich vorzugsweise entwickeln; so bei Quercus suber (Korkeiche) die Korkschicht, bei Pinus (Kiefer) die grüne Zellschicht (hier Borke bildend), bei Tilia (Linde) die Bastschicht (zur Darstellung des Bastes benutzt).

Wachsthum des Dicotyledonenstammes.

§. 19. Das Wachsthum in die Länge wird durch eine Terminalknospe, und wenn diese fehlt, durch eine Axillarknospe vermittelt; die Verdickung aber geht vom Cambium aus und zwar entsteht gleichzeitig eine Holz- und Rindenschicht, so daß also von den Holzschichten die äußersten, von den Rindenschichten die innersten die jüngsten sind.

Verrichtungen des Stammes.

§. 20. Der rohe Nahrungssaft verbreitet sich durch Endosmose im ganzen Körper, namentlich aber dahin, wo in Folge der Verdunstung oder der Neubildungen viel Saft verbraucht wird, also nach der Spitze und nach dem Umfang des Stengels. Daher gleichzeitig eine aufsteigende und seitliche, aber nur unter gewissen Umständen und auf kurze Strecken eine rückgängige Saftbewegung. Die Schnelligkeit des Aufsteigens richtet sich nach dem Verbrauch und nach der Concentration des Zellsaftes. Die Aufnahme des Saftes ist bei uns periodisch (Frühjahrstrieb und Augusttrieb), in den Tropen meist ununterbrochen, daher dort auch die Bildung von Jahresringen unklar. Ob der Saft in den Gefäßen hauptsächlich aufsteige, oder in den Zellen, die gerade durch die stärkere Saftströmung in ihnen in die Länge gezogen, zu Gefäßen umgewandelt und dadurch zur ferneren Saftführung geradezu untauglich gemacht werden, ist noch immer nicht ausgemacht.

Bau des Monocotyledonenstammes.

§. 21. Im Monocotyledonenstamm erscheinen die Gefäßbündel gesondert, zerstreut, nach Außen zahlreicher, nach Innen oft fehlend, dann der Stengel durch Verschwinden des Zellgewebes oft hohl. Sie bestehen aus einem inneren Holztheile und äußeren Bastheile, getrennt durch eine Cambiumschicht. Die Gefäßbündel vermehren sich von der Peripherie aus fortwährend, nähern sich mehr und mehr, ohne sich zu verbinden. Die äußeren, jüngeren, sind dünner, stehen gedrängter. Die Trennung in Mark, Holzringe und Rinde fehlt hier; es sind nur

Gefäßbündel, die von Parenchym umgeben sind. Im Innern einzelne Holzbündel, daher viel Parenchym, der Stamm weich; im Aeußern viele Holzbündel, daher wenig Parenchym, der Stamm also hart.

Wachsthum des Monocotyledonenstammes.

§. 22. Die Gefäßbündel verlaufen entweder gerade, der Achse ziemlich parallel (Gräser), oder die an der Peripherie aus den Blättern und Knospen scheinbar hervortretenden Gefäße begeben sich sofort nach der Mitte, wenden sich mit einer Krümmung nach Unten wieder auswärts, wobei sich die höher an der Achse entstandenen mit den tiefer entspringenden fortwährend kreuzen. Sie verlaufen endlich mit ihren faserartigen Spitzen unter der oberflächlichen Parenchymschicht, und bilden da oft eine Art Scheide, die fälschlich für Rindenbast gehalten wurde. Da die Gefäßbündel nie auf gleicher Höhe entspringen, nach Unten dünner werden, und endlich aufhören, ohne die Basis des Stammes zu erreichen, so erfolgt eine Verdickung des Stengels nach unten gar nicht, oder nur im geringen Grade.

Bau des Kryptogamenstammes.

§. 23. Der Kryptogamenstamm zeigt nach den einzelnen Familien einen oft sehr verschiedenen Bau. Bei Algen, Flechten und Pilzen fehlt der Stamm ganz und gar nnd wird durch das Algen-, Flechten- oder Pilzlager, thallus, vertreten, dessen Form und Bau sehr verschieden ist. Der Moosstengel erscheint einfach oder verästelt, beblättert, besteht nur aus Zellen, von denen jedoch die in der Achse liegenden langgestreckt, oft prosenchymatisch sind und eine Art Gefäßbündel bilden. Aehnlich bei Lebermoosen und Lycopodiaceen. Bei den Farren ein über- oder unterirdisches, schuppiges Rhizom, welches in andern Fällen aufsteigend sich bis 30' hoch erhebt, an der Spitze Blätter treibt, und mit Blattbasen oder deren Narben oder Nebenwurzeln bedeckt ist. Es besteht aus grünlichem Parenchym und mehreren in ein oder mehrere Kreise gestellten oft maschenartig verwachsenden Gefäßbündeln, deren Gefäße Ringgefäße oder Treppengefäße sind.

Anhang. Die Festigkeit und Heizkraft des Holzes.

§. 24. Bei den Pflanzen findet man alle Grade der Festigkeit, vom zartesten Schimmel an, bis zum Eisenholz, das auch mit guten Werkzeugen kaum zu bearbeiten ist. Untersuchungen darüber ergaben, daß auf Bergen und auf freiem Felde gewachsene Bäume festeres Holz haben, als die in Ebenen und Wäldern; daß der oft dunkler gefärbte Kern fester, schwerer und dauerhafter ist, als der hellere Splint; daß Bäume, die nach dem Fällen in Wasser lagen, wieder getrocknet, specifisch leichter waren, als vor dem Trocknen nicht ausgelaugte; daß sie nach dem Auslaugen viel mehr in der Breite eintrocknen, als es sonst der Fall ist; daß also Flößholz dem andern an Güte nachsteht; Kiefernholz verliert durch das Flößen z. B. bis 6 pCt. an Volumen; endlich daß das Holz im Allgemeinen um so trockner ist, je schneller Bäume wachsen. — Die Heizkraft der Holzarten ist verschieden. Bei **gleichem Gewicht** geben die weichen und harzigen Holzarten, wegen Entbindung einer größeren Menge von Kohlenwasserstoffgas eine schnellere und intensivere Hitze, als die specifisch schwereren harten Hölzer, diese dagegen eine anhaltendere und gleichmäßigere Hitze, erstere daher tauglicher für Flammenfeuerungen, Glashütten u. s. w., letztere für Kesselfeuerungen und eiserne Oefen. Die aus Holz dargestellten Kohlen haben an 66 pCt. weniger Heizkraft, wegen der beim Verkohlen entwichenen Gase, die zur Heizung viel beitragen.

3. Das Blatt.

Begriff des Blattes, Entwickelung, Dauer und Farbe desselben.

§. 25. Blätter sind Seitenorgane der Pflanze, die gleichzeitig mit der Pflanzenaxe, aber im Gegensatz zu ihr entstehen, meist flächenförmig gestaltet sind, und ein begrenztes Wachsthum haben. Anfangs nur kleine seitliche Fortsätze der Axe, aus Parenchym gebildet, entwickeln sie sich viel schneller als diese, aus der sie sich herausschieben, und so an der Basis, nicht wie die Axe an der Spitze wachsen. Wie das Maaß ihrer Entwickelung, so ist auch ihre Lebensdauer sehr beschränkt, so daß sie meist schon im ersten Jahre, wenigstens nach einigen Jahren aus dem organischen Zusammenhange mit der Axe treten, abfallen oder abfaulen, und sich nicht wieder erzeugen können, sondern durch neue Blätter an anderen Stellen ersetzt werden. Die im Allgemeinen grüne Farbe der Blätter bildet sich erst unter dem Einflusse des Lichtes aus; Pflanzen in Kellern gezogen bleiben weißlich. Die grüne Farbe scheint vorzüglich durch Zersetzung der Kohlensäure zu entstehen; Pflanzen, die diese nicht zersetzen können, Lathraea, Pilze, die meisten Flechten und viele Algen werden nicht grün. Durch die abnehmende Lebensthätigkeit im Herbste wird die Farbe der Blätter in gelb, roth, braun verändert, ebenso aber auch durch Insectenstiche und Schmarotzerpilze. Manche krankhafte Pflanzen zeigen weiß gesprenkelte Blätter; bei anderen sind gelbe und rothe Streifen, rothe Färbung der unteren (im Allgemeinen immer heller gefärbten) Blattfläche typisch. Die Blumendeckblätter und Kelchblätter nehmen oft die Farbe der Blumen an.

Theile des Blattes. Die Blattscheide.

§. 26. Drei Haupttheile sind am Blatte zu unterscheiden: die Blattscheide, vagina, der Blattstiel, petiolus, und die Blattfläche, lamina. Diese Theile brauchen nicht alle gleichmäßig ausgebildet zu sein; oft entwickelt sich ein Theil vorherrschend auf Kosten der Uebrigen. Der Grundtheil des Blattes zunächst der Achse heißt Blattscheide. Sie umschließt die Achse röhrenförmig und verwächst nicht selten ganz oder theilweise mit derselben. Die frei bleibenden Stücke bilden dann die stipulae, Nebenblättchen, die in der Regel zu beiden Seiten des Blattstieles stehen, jedoch auch verwachsen können und so ein gegenüberstehendes oder ein achselständiges Nebenblatt erzeugen. Letzteres bei Potamogeton, bei den Gräsern als ligula, bei Polygonum als ochrea, Tute. Zur Scheide gehörig ist auch die häutige oder fleischige Schuppe, squama, die an den unteren oder unterirdischen Stengeltheilen erscheint, und die lederartige, häutige Deckschuppe, perula, die die Knospen der Bäume von außen umgibt.

Der Blattstiel; das Blattstielblatt.

§. 27. Die Gefäßbündel, indem sie mit Parenchym umgeben aus dem Stamme heraustreten, breiten sich entweder gleich anfangs flächen- und netzartig aus, und bilden das Skelett der sitzenden Blätter; oder sie bleiben vor ihrer Ausbreitung eine Zeitlang zu einem einzigen Bündel verbunden, als Blattstiel, petiolus, der gestielten Blätter. Dieser kann von verschiedener Gestalt und Länge sein, zuweilen so in verticaler Richtung verbreitert, daß man ihm einen besonderen Namen, Blattstielblatt, phyllodium, gab, wie bei den neuholländischen Acacien, wo dann die Blattfläche meist fehlt.

Die Blattfläche.

§. 28. Das durch Parenchym verbundene Gefäßnetz heißt Blattfläche, lamina. Sie ist der ausgebildetste und wichtigste Theil des Blattes und fehlt nur, wenn sie durch übermäßige Ausbildung des Blattstieles, der Blattscheide oder durch einen blattartigen Stengel überflüssig gemacht wird. Oben und unten ist das Blatt von der Epidermis mit den Spaltöffnungen (stomata) bedeckt, die auf der Unterseite viel zahlreicher stehen, als auf der oberen, bei den schwimmenden Blättern der Wasserpflanzen auf der Unterseite ganz fehlen.

Verzweigung der Gefäßbündel im Blatte.

§. 29. Die Gefäßbündel können sich vom Blattstiele aus entweder bis zur Spitze des Blattes erstrecken und nach den Seiten Aeste senden, die sich wieder verästeln, oder sie theilen sich gleich an der Basis des Blattes und es setzen sich die einzelnen Gefäßbündel dann mehr oder weniger nach der Mitte convergirend, bis zur Spitze fort. Es entstehen so die winkelnervigen Blätter, folia angulinervia, und die krummnervigen, f. curvinervia; erstere namentlich bei den Dicotyledonen, letztere bei den Monocotyledonen; bei den Acotyledonen beide Arten.

Die folia angulinervia haben: a. gefiederte Nerven, nervi pinnati (fiedernervige Blätter, f. penninervia), wenn der Mittelnerv in gleichmäßigen Abständen Seitennerven ausschickt; — b. handförmige Nerven, n. palmati, (handnervige Blätter, f. palmatinervia), wenn der Nerv dicht an seiner Basis mehre mit ihm gleich starke divergirende Nerven ausschickt; — c. schildförmige Nerven, nervi peltati (schildnervige Blätter, f. peltinervia), wenn die Gefäßbündel sich an der Spitze des Blattstieles in mehre strahlenförmige Hauptnerven theilen, die mit dem Blattstiel einen Winkel bilden; — d. fußförmige Nerven, n. pedati (fußnervige Blätter, f. pedatinervia); der oft bis zum Verschwinden kurze Mittelnerv sendet von seinem Grunde rechts und links einen starken Seitennerven aus, der wieder nach Innen starke parallele Nerven schickt, nach Außen aber unverzweigt ist. Sämmtliche Nerven zweiter Ordnung folgen bei allen 4 Arten der Fiedertheilung. Die fol. curvinervia haben a. zusammenneigende Nerven, n. convergentes, die entweder der ganzen Länge nach gebogen, oder nur an der Basis leicht gekrümmt, sonst aber dem Hauptnerven parallel sind; — b. auseinandergehende Nerven, n. divergentes, welche nach Art der gefiederten Nerven parallel, und ohne sich weiter zu verzweigen, aus einem Hauptbündel hervorgehen, welches sich allmälig in die Seitenbündel auflöst, ohne einen bis zur Spitze fortgesetzten Mittelnerven darzustellen.

Umriß des Blattes.

§. 30. Durch diese Vertheilung der Nerven wird der ungemein verschiedene Umriß des Blattes bedingt. Es erscheint in dieser Beziehung linienförmig bis kreisförmig, ausgerandet, stumpf, zugespitzt oder stechend, schwertförmig, herzförmig, nierenförmig, spießförmig, pfeilförmig, geohrt oder schief. Liegen die Nerven nicht in einer Ebene, so wird das Blatt fleischig oder zungenförmig. Sitzende Blätter erscheinen durch stärkere Entwickelung des Blattgrundes und theilweise Verwachsung desselben mit der Achse: stengelumfassend, durchwachsen, verwachsen, durchbohrt, herablaufend.

Zertheilung des Blattes.

§. 31. Die Blattfläche erscheint bald ununterbrochen, indem sämmtliche Gefäßbündel unter sich vollkommen durch Parenchym verbunden sind (folium indivisum), oder sie ist durch mehr oder weniger tiefe Einschnitte verschiedentlich getheilt (fol. divisum). Bleiben bloß Hauptgefäßbündel getrennt, so ist das Blatt einmal getheilt; zwei, drei oder mehrmals getheilt dagegen, wenn dies zugleich die aus jenen hervorgehenden Nebengefäßbündel trifft. Je nachdem bei einmal zertheilten Blättern die Gefäßbündel durch Parenchym gar nicht, bloß an der Basis, bis zur Hälfte oder bis über die Hälfte vereinigt bleiben, heißt das Blatt zerschnitten, fol. sectum, getheilt, fol. partitum, gespalten, fol. fissum, gelappt, fol. lobatum.

Die weitere Zertheilung richtet sich natürlich nach Zahl und Anordnung der Gefäßbündel. Die Zahl der Abtheilungen ist, wegen des Mittelnerven, normal ungleich; die mittelste Abtheilung gewöhnlich die größte, selten kleiner als die übrigen oder verschwindend. Die hand-, schild- und fußnervigen Blätter erscheinen bei einmaliger Einschneidung: drei, fünf, sieben und mehr lappig, — spaltig, — getheilt, — zerschnitten. Zur näheren Bezeichnung setzt man noch das Wort: hand-, schild-, fußförmig vor, z. B. handförmig fünflappig, fol. palmato-quinquelobum bei Epheu, fußförmig fünflappig, f. pedato-quinquefidum bei Geranium palustre. Von den fiedernervigen Blättern gilt dasselbe; es hat z. B. Capsella Bursa pastoris ein fol. pinnati partitum, ein fiedertheiliges Blatt. Untergeordnete Formen der gefiederten Blätter sind das buchtige, eingerissene, schrotsägeförmige und leierförmige Blatt. Durch wiederholte Theilung entstehen die doppelt und dreifach handförmig u. s. w. gelappten, gespaltenen, getheilten und zerschnittenen Blätter. Sie verlieren schon ganz und gar das Ansehn eines einzigen Blattes und ähneln täuschend einem beblätterten Zweige.

Zusammengesetztes Blatt.

§. 32. Erhalten die einzelnen Schnitte einen eigenen Blattstiel, der mit dem freien Mittelnerven oder bei handförmigen Blättern mit der Spitze des Blattstieles gegliedert ist, so entstehen die **zusammengesetzten Blätter**, fol. composita, deren einzelne Theile, petiolus, petiolulus und foliola heißen. Die wichtigsten sind: gleich und ungleich gefiederte Blätter, fol. pari- et imparipinnata, doppeltgefiederte, f. bipinnata, gezweite, f. geminata, dreizählige, f. ternata, handförmige, f. palmata. Viele zusammengesetzte Blätter, aber auch sehr viele einfache nehmen des Nachts eine Stellung an, die von der des Tages verschieden ist. Man nennt dies **Pflanzenschlaf**. Der Grund davon scheint der Mangel des Lichtes zu sein. Unerklärt sind bis jetzt die in Folge äußerer Reize erfolgenden Bewegungen mehrer Mimosen, der Venusfliegenfalle, des Sonnenthaues, sowie die fortwährenden Bewegungen des beweglichen Süßklee.

Oberfläche und Rand des Blattes.

§. 33. Der Rand aller dieser Blätter kann nun entweder ohne Einschnitte sein, ganzrandiges Blatt, fol. integerrimum, oder gekerbt, f. crenatum (Ausschnitte rund, Einschnitte spitz), oder gezähnt, f. dentatum (Ausschnitte spitz, Einschnitte rund), oder gesägt, f. serratum (Ausschnitte und Einschnitte spitz), oder ausgeschweift, f. repandum (Ausschnitte und Einschnitte rund). Die Oberfläche kann kahl, behaart oder drüsig sein.

Abnorme Blätter.

§. 34. Einige Blätter weichen von dem normalen Ansehn mehr oder weniger ab. Dahin gehören das verdickte, rankenförmige, stachelförmige Blatt, das schlauchförmige bei Nepenthes destillatoria und das blasenförmige bei Utricularia.

Blattstellung.

§. 35. Verbindet man die zerstreut stehenden Blätter einer Pflanze so, daß man, von einem bestimmten Blatte ausgehend, das erste nach rechts oder links oben liegende Blatt, dann das folgende u. s. w. durch eine Linie vereinigt, so bildet diese Linie eine Spirale, auf der jedes Blatt vom vorhergehenden um einen gleichen Theil des Stengels entfernt ist. Man findet an einer Pflanze die Blätter bald sämmtlich in einer Spirale stehend, bald in 2 oder mehreren, die links oder rechts gewunden sein können. Bei den einzelnen Spiralen kommt bald nach einmaligem, bald nach doppeltem Umgang der Spirale um den Stengel ein Blatt über einem vorhergehenden zu stehen, und da dies in der Regel, von einem bestimmten, als ersten Blatte ausgehend, das sechste ist, so daß also fünf Blätter zu einem sogenannten Cyclus oder Wirbel vereinigt sind, so folgt, daß der horizontale Abstand eines Blattes vom andern (Divergenz), bei einspirigen Wirbeln $1/5$, bei zweispirigen $2/5$ des Stengelumfangs beträgt, also 72° oder 144° Blätter, die eine solche Stellung befolgen, wo also immer nur 1 Blatt auf derselben Höhe der Achse sich befindet, heißen zerstreute, fol. sparsa. Sie finden sich häufig an Bäumen und Sträuchern. Drehen sich dabei die Blätter in einer Fläche nach 2 Seiten, so heißen sie fol. bifarta, zweiwendige; stehen die fol. sparsa sehr dicht, so legen sie sich dachziegelartig übereinander, fol. imbricata. Wenn 2 Blattspiralen auf derselben Höhe an 2 entgegengesetzten Punkten der Achse entspringen, und parallel verlaufen, kommen ihre Blätter immer paarweise gegenüber zu stehen: fol. opposita, gegenüberstehende Blätter, Syringa, Lamium. Findet der vorige Fall bei Anwesenheit mehrerer Spiralen statt, so entstehen die wirtelförmigen Blätter, fol. verticillata, Galium, Nerium. Bei den Monocotyledonen sind die Blätter fast immer zerstreutstehend, selten gegenüberstehend oder quirlständig.

4. Der Ernährungsprozeß.

Nahrungsstoffe der Pflanzen.

§. 36. Da sich die Pflanze nicht bewegen kann, so muß sie überall ihre Nahrung antreffen. Sie nimmt dieselbe nicht als einfache Stoffe, Kohlenstoff, Wasserstoff, Sauerstoff und Stickstoff auf, sondern als Verbindungen dieser Stoffe und zwar als Kohlensäure und Ammoniak, die Erden, Alkalien und Metalle aber als Salze. Diese für das Leben der Pflanze nothwendigen Stoffe sind überall vorhanden: Kohlensäure im Boden aus der Verwesung von Thier- und Pflanzenstoffen und aus der Zersetzung mehrerer Mineralien, ferner im Wasser und in der Luft. Sauerstoff und Wasserstoff werden namentlich als Wasser, Stickstoff nur als Ammoniak aus der Atmosphäre und aus dem Wasser des Bodens aufgenommen. Von anorganischen Stoffen, die, wie gesagt, nur als lösliche Salze aufgenommen werden, sind Kieselerde, Kalkerde, Bittererde und Kali, sowie Phosphor und Schwefel die verbreitetsten und finden sich in der Asche der meisten Pflanzen in größerer oder geringerer Menge. Andere Stoffe, wie Chlor, Jod und Brom sind nur an gewisse Pflanzen gebunden. Uebrigens kennen wir weder alle Verbindungen, die die Pflanzen als Nahrung aufnehmen, noch wissen wir, welche Stoffe dieser oder jener Pflanze zuträglich oder schädlich sind, und schließen dies nur aus dem üppigen Gedeihen in diesem Boden, aus dem Verkümmern der Pflanzen in einem anderen.

Aufnahme der Nahrungsstoffe.

§. 37. Wurzel, Stengel und Blatt nehmen an der Ernährung der Pflanze Theil, und zwar jedes an allen zum Ernährungsprozeß gehörigen Verrichtungen. Die meist sehr verästelte Wurzel, deren Oberfläche durch die Wurzelhaare noch ungemein vergrößert wird, nimmt den größten Theil der rohen Nahrung in Auflösungen, aber nur eben in solchen, aus der Erde oder aus dem Wasser auf; und zwar besorgen diese Aufnahme nur die jüngsten Wurzelzasern und Wurzelhaare, während die älteren Theile für die Aufnahme der Nahrungsstoffe untauglich geworden sind. Der rohe Nahrungssaft, durch Endosmose und Exosmose aufgenommen, wird durch dieselbe Kraft, zeitweise auch durch die Gefäße, im Stengel weiter geführt.

Verarbeitung des rohen Nahrungssaftes.

§. 38. Nachdem der rohe Nahrungssaft bis in die Blätter verbreitet ist, auf diesem Wege aber schon theilweise umarbeitet wurde, tritt er in den Blättern in lebendigere Wechselwirkung mit der atmosphärischen Luft, als es im Stamme möglich war. Er nimmt dabei ebensowohl Stoffe, die ihm zur weiteren Verarbeitung nöthig sind, aus der atmosphärischen Luft auf, als er überflüssige Stoffe an diese abgibt. Es sind dies die Prozesse der Ernährung und Athmung. Beide sind nur periodisch. Im Sonnenlichte nehmen die Blätter Kohlensäure auf und zersetzen sie, assimiliren den Kohlenstoff und geben den Sauerstoff zurück. Zur Nachtzeit nehmen sie Sauerstoff auf, hauchen einen Theil desselben mit Kohlenstoff verbunden als Kohlensäure wieder aus, während der übrige zur Bildung neuer Stoffe in der Pflanze verwendet wird*). Außerdem nehmen die Blätter durch die Spaltöffnungen dunstförmiges (nicht tropfbar flüssiges) Wasser auf, welches, wenn die Functionen der Wurzeln unterbrochen sind, den Pflanzen oft allein alle Nahrung zuführen muß. Einen großen Theil des Wassers scheiden sie jedoch auf demselben Wege dunstförmig, und mit verschiedenen anorganischen und organischen Stoffen gemischt, wieder aus, namentlich bei Tage und in trockner Luft, vergleichbar dem Schweiße der Thiere. Man nennt dies Transpiration.

Secretionserscheinungen.

§. 39. Mit der Ausdünstung der Blätter hängt genau die Secretion oder Absonderung verschiedenartiger Stoffe in allen Theilen der Pflanze zusammen. Es sind dies Säfte, die von dem eigentlichen Nahrungssafte als unbrauchbar abgesondert und auf mannigfaltige Weise verändert werden. Die Absonderung geschieht durch Zellen oder Zellenanhäufungen, die dann, mit Bezug auf diese Absonderungen einfache und zusammengesetzte Drüsen genannt werden. Sammeln sich die Absonderungen in den Intercellulargängen, so erweitern sich diese zu Kanälen oder abgerundeten Höhlen und heißen Secretionsbehälter. Ebenso häufig geschehen jedoch die Absonderungen nach Außen. Zu den wichtigsten durch Drüsen in den Pflanzen abgeschiedenen Stoffen gehören: Luft, Wasser, Gummi, Zucker, ätherische Oele, Harze, Balsame, Wachs, fette Oele, Milchsäfte und verschiedene Salze. Selbst die verschiedenen Säuren, Alkaloide, Gerbstoffe und Farbstoffe, die in bestimmten Zellen abgelagert werden, möchten hierher zu rechnen sein.

Cap. III. Fortpflanzungsorgane der Pflanzen.

1. Die Blüthe.

Begriff der Blüthe.

§. 40. Blüthe nennen wir die an der Spitze einer Pflanzenachse auftretenden, eigenthümlich umgestalteten Blätter, die in regelmäßiger Folge, meist zu mehreren der Bildung und Function nach verschiedenen Wirteln zusammengestellt, zur Hervorbringung des Samens beitragen. Alle Ernährungsorgane wirken auf die Erzeugung der Blüthe hin, indem sie eine Formenumwandelung, Metamorphose, erleiden, die sie zum

---

*) Es tritt hier der Unterschied zwischen Thier und Pflanze und die Wechselwirkung beider scharf hervor. Das Thier athmet O ein und C̈ aus, die Pflanze C̈ ein und O aus. Der ganze Ernährungsprozeß der Thiere, wesentlich abhängig von der Athmung, die bei den Pflanzen ohne Gefährdung des Lebens ganz gehemmt werden kann.

Ernährungsprozeß zwar unbrauchbar macht, aber einen neuen Lebensprozeß, den der Fortpflanzung, bezweckt und einleitet. Die Blüthe, nur in gewissen Perioden des Pflanzenlebens erscheinend, geht immer der Fruchtbildung voran, und ist oft ausgezeichnet durch Größe, Gestalt und Farbe. Pflanzen mit deutlichen Blüthen nennt man Phanerogamen, solche, denen die eigentlichen Blüthen fehlen, Cryptogamen.

Blüthenstiel und Blüthenstand.

§. 41. Der Theil der Achse, auf dem die Blüthe sitzt, heißt die Spindel, rhachis, wenn sie verkürzt ist, Blüthenboden, receptaculum. An ihr sitzen die Blumenstiele, pedunculi, die sich wieder in Blumenstielchen, pedicelli, theilen können; sie bilden sich in einzelnen Fällen, wenn sich keine Blüthen entwickeln, beim Wein zu Ranken, beim Spargel zu den sogenannten Blättern aus. Eine Vereinigung mehrerer einzelner Blüthen zu einem Ganzen heißt Blüthenstand, Inflorescentia; sie kann, wie auch die einzelne Blüthe grundständig, achselständig oder gipfelständig sein. Die einzelnen Blättchen, aus deren Achsel meist jede Blüthe einer Inflorescenz entspringt (in einzelnen Fällen fehlen dieselben), nennt man, wenn sie schuppenartig geworden sind, Stützblättchen, bractea s. bracteola, unterscheiden sich aber wenig vom Stengelblatt: Blüthenstützblatt, folium florale. Ein der Form und Farbe nach vom Stengelblatt verschiedenes Stützblatt, welches an der Basis der Inflorescenz stehend, diese vor dem Aufblühen scheidenartig umschließt, heißt Scheide, spatha.

Unbegrenzte Blüthenstände sind solche, bei denen nur die Nebenachsen in Blüthen endigen, während sich die Hauptachse mit einer Blattknospe fortsetzt, bei denen also die Blüthen von unten nach oben, oder, wenn sie in einer Ebene liegen, vom Rande nach der Mitte zu (centripetal) zur Entwickelung gelangen. Bei begrenzten Blüthenständen wird die Hauptachse durch eine Blüthe geschlossen, während die Nebenachsen sich weiter entwickeln, selbst wieder als Hauptachsen durch eine Blüthe schließen und Nebenachsen zweiter u. s. w. Ordnung hervorbringen. Da die Nebenachsen später zur Entwickelung kommen, heißen sie centrifugal.

Aus dem Längenverhältniß der Haupt- und Nebenachsen entstehen die folgenden Hauptmodificationen der Blüthenstände.

Unbegrenzte Blüthenstände.

§. 42. 1. Die Aehre, spica. Eine mit Bracteen besetzte, verlängerte Spindel trägt sehr kurze Nebenachsen, die unmittelbar von einer Blüthe geschlossen sind, oder mehrere ungestielte Blüthen tragen. Unterarten sind: einfache Aehre, spica simplex (Lavandula Spica); zusammengesetzte Aehre, sp. composita (Secale Cereale); ästige Aehre, sp. ramosa (Zea Mays); Kolben, spadix (Acorus Calamus); Zapfen, conus (Coniferae); Kätzchen, amentum (Amentaceae).

2. Die Traube, racemus. An der verlängerten Hauptachse sitzen verlängerte Nebenachsen, die sich selbst wieder verzweigen können. Unterarten: einfache Traube, r. simplex (Prunus Padus); zusammengesetzte Traube, r. compositus (Veratrum nigrum); Rispe, panicula (Avena); Doldentraube, corymbus (Spiraea opulifolia).

3. Die Dolde, umbella. Von der verschwindend kurzen Spindel entspringen mehrere gleich lange Nebenachsen. Die Bracteen treten unten in ein Involucrum zusammen. Einfache Dolde, u. simplex (Prunus Cerasus); zusammengesetzte Dolde, u. composita, Umbelliferae. (Umbellula, involucellum, radii, radioli).

4. Das Köpfchen, capitulum. Eine sehr verkürzte Aehre, auf welcher sehr kurzgestielte oder ganz ungestielte Blüthen dicht gedrängt über und neben einander stehen. Unterarten sind: das eigentliche Köpfchen, wo in der Achsel von jeder Bractee eine kurzgestielte Blüthe sitzt, Trifolium pratense, und der Blüthenkorb, anthodium, wo die untersten Bracteen sehr entwickelt, aber leer, dachziegelartig über einander gestellt, das Involucrum bilden, während die oberen Bracteen, in deren Achseln die dicht gedrängten Blüthen sitzen, zu Schuppen oder Haaren verkümmern, auch wohl ganz fehlen: Synanthereae.

Begrenzte Blüthenstände.

§. 43. 5. Die Trugdolde oder Afterdolde, cyma. Hauptachse von einer Blüthe geschlossen, während die weiter entwickelten Nebenachsen wieder in Blüthen endigen, unter denen Nebenachsen zweiter Ordnung entstehen, an denen sich dasselbe Verhältniß wiederholt. Oft, aber nicht immer, stützen Bracteen die einzelnen Nebenachsen; durch Fehlschlagen einzelner Theile wird der Blüthenstand oft unregelmäßig; immer aber stehen die jüngsten Blüthen in einer Ebene und geben dem Ganzen das Ansehn einer Dolde. Unterarten sind: Die scorpionschwänzige Trugdolde, cyma scorpionoidea, bei den Asperifoliaceen, wenn die Nebenachsen der einen Seite gar nicht zur Entwickelung kommen; der Büschel, fasciculus, Dianthus carthusianorum, durch Verkürzung sämmtlicher Achsen sehr gedrängte Blüthen, unterscheiden sich vom Köpfchen nur durch centrifugales Aufblühen.

Zeit, in der die Pflanzen blühen.

§. 44. Eine Pflanze entwickelt die Blüthen um so später, je langsamer sie wächst. Kräuter blühen meist schon vom ersten Jahre an, Halbsträucher im ersten bis vierten, Bäume oft in einer viel späteren Zeit. Erhöhte Wärme beschleunigt die Blüthezeit, vermindert und verzögert sie; in heißen Jahren blühen die Pflanzen früher als in kalten. Die 100jährige Aloe, Agave americana, blüht bei uns nach 50—60, in den Tropen nach 3 — 4 Jahren. Die eigenthümliche Natur der Pflanzen hat darauf Einfluß, daß jede Pflanzenart in der Regel in derselben Zeit blüht. Die Mehrzahl der Pflanzen blühen zu jeder Tagesstunde; viele aber öffnen ihre Blüthen zu gewissen Stunden: Licht, Wärme und der Wassergehalt der Atmosphäre scheinen darauf von Einfluß zu sein. (Blumenuhr und Blüthenkalender). Merkwürdig ist die erhöhte Wärme, so wie die Lichterscheinung, die bei manchen Pflanzen zur Blüthenzeit wahrgenommen wird.

Die Blüthe im Allgemeinen.

§. 45. Eine Blüthe besteht aus mehreren Kreisen von Blättern. Der äußere, noch wenig veränderte, oft nach dem Blühen stehen bleibende, heißt Kelch, calyx, der zweite, zartere, hinfälligere, meist (doch ist dies unwesentlich) gefärbte, heißt Krone, corolla. Den dritten Kreis bilden die Staubgefäße, stamina; im vierten, innersten Kreise bildet das aufgerollte Blatt unten eine Höhlung, in der sich die Samen entwickeln (Fruchtknoten, germen), während sich aus dem oberen Theile der Griffel mit der Narbe bildet. Nicht alle 4 Kreise brauchen sich immer auszubilden; von den obersten kann jeder von beiden oder beide verschwinden, wodurch die flores staminigeri, pistilligeri und neutri entstehen. Von den unteren kann nur die Krone, oder es müssen Kelch und Krone fehlen: flos nudus. Da die einzelnen Theile eines jeden Kreises mit denen des vorhergehenden und folgenden abwechseln (alterniren), so stehen die einzelnen Kelchblätter (phylla s. sepala) den Staubgefäßen, die einzelnen Kronenblätter (petala) den Pistillen gegenüber, während sepala und petala, petala und stamina, stamina und pistilla mit einander abwechseln. Haben die einzelnen Wirbel ungleich viele Theile, oder bilden sich mehrere Kreise des einen Wirbels aus, so daß dessen Theile ein Vielfaches von der Grundzahl bilden, so kann diese Regelmäßigkeit sehr verwischt werden: so bei den Ranunculaceen, Papaveraceen u. s. w. Durch Fehlschlagen des einen oder anderen Kreises können scheinbare Unregelmäßigkeiten herbeigeführt werden.

Verwachsungen der Blüthentheile.

§. 46. Durch Verwachsung der Kelchblätter und Kronenblätter unter einander entsteht der calyx monosepalus s. gamophyllus, verwachsenblättrige Kelch und die corolla monopetala s. gamopetala, die verwachsenblättrige Krone. Auch die Staubgefäße können unter einander zu einer Röhre oder einem oder mehreren Bündeln verwachsen. Die Verwachsung der Pistille ist sehr gewöhnlich, so daß dann statt eines Kreises von Pistillen nur ein einziges pistillum compositum vorhanden ist. Gewöhnlich sind die einzelnen Wirtel einer Blüthe durchaus nicht mit einander verwachsen, wenn gleich die einzelnen Theile eines jeden Wirtels verwachsen sein können. Es stehen dann der Kelch unten und über ihm Krone, Staubgefäße und Stempel; letztere heißen dann oberständig, germina supera, die übrigen Theile unterständig, infera, die Insertion aber hypogynisch. Wenn aber die Staubgefäße mit der monopetalen hypogynischen Krone und beide mit dem einblättrigen Kelche so verwachsen, daß sie aus ihm zu entspringen scheinen, so nennt man sie in Bezug auf den oberständigen Stempel umständig oder perigynisch (corolla et stam. perigyna). Geht endlich auch der Stempel ganz oder theilweise in die Verwachsung ein, so daß nur die oberen Enden der sepala, petala und stamina frei bleiben und von dem unterständigen Stempel, germen inferum, selbst zu entspringen scheinen, so heißen diese Theile oberständig, supera, und die Insertion epigynisch. Verwachsen in diesem letzten Falle auch die obersten Theile der stamina noch mit dem Griffel, so nennt man solche Staubgefäße stamina gynandra.

Der Kelch.

§. 47. Der äußerste Blattkreis der Blüthendecken heißt Kelch, calyx, seine Theile Kelchblätter, phylla s. sepala. Sie sind meist grün, oft aber auch (namentlich wenn die Krone fehlt) anders gefärbt, dann ohne Spaltöffnungen und ohne Epidermis und führen dann den überflüssigen Namen perigonium. Der Kelch besteht in der Regel bei den Monocotyledonen aus sechs, seltner 3 oder 2 Theilen, bei den Dicotyledonen aus fünf, seltener 2, 4, 6, 8, 9 Theilen, die den Staubgefäßen (wenn deren eben so viele vorhanden sind) gegenüberstehen, und zuweilen bei epigynischer Insertion so weit verschwinden, daß der Fruchtknoten nur gezähnt erscheint (Umbelliferae). Durch Verwachsung der Kelchblätter entsteht der verwachsenblättrige Kelch im Gegensatz zum freiblättrigen oder mehrblättrigen, c. monosepalus s. dialyphyllus. Am ersten unterscheidet man Röhre und Saum (tubus et limbus). Die einzelnen Theile des Saumes heißen Kelchzipfel oder Zähne (laciniae, lobi, dentes). Nach seiner Gestalt ist er regelmäßig, und zwar: walzig, cylindricus, Lythrum Salicaria; keulenförmig, clavatus, Silene nutans; kreiselförmig, turbinatus, Ulmus; glockig, campanulatus, Primula; trichterförmig, infundibuliformis, Armeria vulg.; krugförmig, urceolatus, Hyoscyamus; aufgeblasen, inflatus, Silene inflata; zusammengedrückt, compressus, Rhinanthus; — oder er ist unregelmäßig wie der zweilippige (bilabiatus) der Labiaten, der gespornte, calcaratus, bei Tropaeolum, und der ganz unregelmäßige blumenblattartige bei Aconitum. Manche Pflanzen, wie Malva, Dianthus, haben noch einen äußeren Kelch, calyx exterior, der bald mit dem inneren gleich viel, bald weniger Theile hat. Eine eigenthümliche Form des Kelches ist das Federkrönchen, pappus, der Compositen. Wenn die Krone fehlt, wie bei den Monocotyledonen, wird der Kelch oft kronenartig, Tulipa, oft aber verkümmert er auch mehr oder weniger und bildet die 2 squamulae s. lodiculae der Gramineen, die Wollfäden bei Eriophorum. Bei den Moosen bildet er einen häutigen Sack der die Sporenkapsel umschließt, später zerreißt, und als Mützchen, calyptra, auf dem Scheitel der auf einem Stielchen erhobenen theca sitzen bleibt.

Die Krone.

§. 48. Die Krone, corolla, gewöhnlich der glänzendste, prächtigste Theil der Blüthe, ist die auf den Kelch nach Innen folgende Hülle der wesentlichen Blüthentheile. Da sie nicht bloß den Zweck hat, die Blume zu schmücken, sondern namentlich (wie auch der Kelch) die Fortpflanzungsorgane gegen äußere störende Einflüsse in deren früherer Entwickelungsperiode schützen soll, so nehmen ihre Elemente in der Knospe auch eine solche Lage zu einander an, daß dieser Zweck vollständig erreicht wird, und erscheinen in der Blüthenknospe (praefloratio) dachziegelartig, imbricata, Primula; klappig, valvata, Oenothera; gedreht, contorta, Linum; gefaltet, plicata, Nicotiana; zerknittert, corrugativa, Papaver. Die drei Theile des Vegetationsblattes, lamina, petiolus und stipulae, erscheinen auch am petalum, und bilden die Platte, lamina, den Nagel, unguis, und verschiedene Anhänge an der Platte, die mit den Namen der Nectarien oder Honigdrüsen, des Bartes u. s. w. belegt worden sind. Die spornförmigen Kronenblätter bei Aquilegia, die geschuppten bei Ranunculus, die gebarteten bei Silene, die sogenannte Nebenkrone, paracorolla bei Parnassia und den Asclepiadeen, sind wohl nur durch freie oder verwachsene stipulae gebildet; ebenso die flachen oder gewölbten Deckschuppen, fornices, die den Schlund vieler Blumenkronen, namentlich der Asperifoliaceen schließen. Die einzelnen petala können entweder verwachsen zur verwachsenblättrigen oder einblättrigen Krone, corolla gamopetala s. monopet., oder sie können frei bleiben in der getrenntblättrigen Krone, corolla dialypetala s. polypetala. Die freien Petalen zeigen meist von den freien Kelchblättern sehr verschiedene Formen, die verwachsenblättrige Krone dagegen gleicht dem verwachsenblättrigen Kelche so, daß die dort genannten Arten auch hier vorkommen und nur etwa noch die präsentirtellerförmige Krone, cor. hypocraterimorpha, und die radförmige, corolla rotata, hinzuzufügen wären. Sind alle Theile der Krone gleich gebildet, so heißt sie regelmäßig, im andern Falle unregelmäßig. Die Hauptformen der unregelmäßigen Krone sind die Schmetterlingskrone, cor. papilionacea (vexillum, alae, carina), der Papilionaceen, die lippige Krone, cor. labiata, der Labiaten, die verlarvte, cor. personata, der Personaten, die zungenförmige, cor. ligulata, der Synanthereen und viele bei den Ranunculaceen vorkommende höchst unregelmäßige Kronen. — Durch zahlreiche Entwickelung der Kronenblätter, sowie durch theilweise Rückwandelung der Staubgefäße in diese Organe erscheinen die Blüthen mehr oder weniger gefüllt, und werden zuletzt unfruchtbar.

Die Staubgefäße im Allgemeinen.

§. 49. Die Staubgefäße sind ebenfalls umgewandelte Blätter; ihre Theile: der Staubfaden, filamentum, der Staubbeutel, anthera, und die an den Staubfäden oft bemerkbaren Anhängsel entsprechen dem Blattstiel, der Blattfläche und den Stützblättchen. Sie stehen in der Zwitterblüthe um den Stempel, dessen Keime sie befruchten, wozu die große Reizbarkeit vieler Staubgefäße, vermöge deren sie sich dem Stempel abwechselnd nähern (Parnassia, Berberis), wesentlich beizutragen scheint. Nach der Befruchtung fallen sie meist ab. Merkwürdig ist die große Sorgfalt, mit der die Natur unter ungünstigen äußeren Verhältnissen doch die Befruchtung möglich gemacht hat. (Valisneria, Trapa, Ficus, Aristolochia, Phoenix, Pinus u. A.).

Der Staubfaden.

§. 50. Der Staubfaden, filamentum, meist fadenförmig, aber der Gestalt, Oberfläche und Richtung nach sehr verschieden, ist unwesentlich und fehlt bei der sitzenden Anthere. Die Länge der Staubfäden in derselben Blüthe ist zuweilen gleich, oft aber auch bestimmt verschieden (wie bei den Labiaten, wo 2 lange und 2 kurze, bei den Cruciferen, wo 4 lange und 2 kurze Staubfäden vorkommen), oder endlich sie ist ganz unbestimmt. Die Anzahl der Staubgefäße ist sehr verschieden, jedoch der Regel nach der Anzahl der Kronenblätter gleich. Selten sind 7, 9, 11, am häufigsten sind 3, 6, 5, 10 Staubfäden; sind deren mehr als 12, so nennt man die Zahl (wohl mit Unrecht) unbestimmt. Sie stehen entweder auf dem Blüthenboden unter dem Fruchtknoten, Papaver, oder auf der Krone, Campanula, oder auf dem Fruchtknoten, Umbelliferae, sind also hypogynisch, perigynisch oder epigynisch. Sie sind frei oder mehr oder weniger verwachsen, und zwar in ein oder mehrere Bündel (Monadelphia, Diadelphia, Polyadelphia) oder in eine Röhre, Synanthereae, zuweilen auch mit dem Griffel (Gynandria) bei den Orchideen, Aristolochia u. s. w.

Der Staubbeutel.

§. 51. Der Staubbeutel, anthera, ein kleiner, meist länglicher oder rundlicher, gelb gefärbter Körper, der am Staubfaden verschieden befestigt sein kann, entsteht aus einer, aus Zellen gebildeten kleinen Schuppe, in deren Inneren sich durch abwechselndes Auflösen der alten und Wiederentstehen neuer Zellen zwei Fächer, loculi, bilden, in denen die Pollenkörner liegen. Die Anthere zeigt in der Regel am Rande 2 Längsfurchen, dem Blattrande entsprechend, an denen sie beim Stäuben nach Innen oder nach Außen aufspringt und den

Pollen ausstreut. Manche Antheren springen nur mit 2 Löchern an der Spitze der Fächer (Solanum) oder mit 2 oder mehreren Klappen auf (Laurus, Berberis). Zwischen beiden Fächern zieht sich das Band, connexivum, eine Fortsetzung des Staubfadens hin, welches die beiden Fächer zusammenhält. Eine flächenförmige Verbreiterung des Connexivum drängt entweder die unteren Enden der Fächer aus einander, während sie oben vereinigt bleiben, in einander übergehen und einfächrig erscheinen, oder sie trennt die beiden Fächer weit von einander, Nymphaea, Salvia. Verkürzung des Bandes bei vollständiger Ausbildung der Fächer erzeugt die zweihörnigen Antheren (Vaccinium) oder zweispaltigen (Euphrasia), die dann oft noch besondere Anhänge zeigen. Staubgefäße, deren Antheren fehlen oder verkümmern, nennt man unfruchtbar; sie nehmen nicht selten wunderliche Formen an, und werden dann als Nectarien bezeichnet.

Der Blüthenstaub.

§. 52. Der Blüthenstaub, pollen, ist gebildet von einer oft viele Tausende übersteigenden Anzahl von Pollenkörnern. Jedes Pollenkorn besteht aus einer einfachen Pollenzelle, mit einer schleimigen, feinkörnigen Flüssigkeit, fovilla, gefüllt und der von der Zelle abgesonderten, verschieden, oft sehr zierlich gestalteten, aus gelben, ausnahmsweise auch anders gefärbtem Wachse gebildeten Pollenhülle. Letztere zeigt bei den Monocotyledonen eine einzige Spalte, bei den Dicotyledonen 3 runde Poren, durch die später die Pollenzelle austritt. Die verschiedene oft polyedrische Gestalt der Pollenkörner ist erzeugt durch den wechselseitigen Druck in den Fächern der Anthere. Durch einen von der aufgelösten Mutterzelle (§. 51.) übrig bleibenden Schleim werden die Pollenkörner zuweilen je 4 (Erica) oder auch sämmtlich (Orchideae, Asclepiadeae) zu einer Pollenmasse vereinigt. Auf der Narbe tritt die Pollenzelle als Pollenschlauch durch die Poren heraus, und steigt, ohne zu zerreißen, durch den Griffel in den Fruchtknoten hinab.

Reproductionsorgane der Cryptogamen.

§. 53. Die Anthere der Phanerogamen entspricht dem Sporangium oder Keimkornbehälter der Cryptogamen; der Pollen ist den Sporen vergleichbar, die wesentlich nicht von ihm unterschieden sind. Das Sporangium führt nach seinem in den einzelnen Familien oft sehr verschiedenen Bau verschiedene Namen (siehe im zweiten Theile bei den Familien), ist aber nichts als eine Umwandlung appendiculärer Organe, indem bei den Gefäßcryptogamen ein Blatt, bei den gefäßlosen mehrere sich zur Bildung desselben vereinigen. Die Form der Sporen ist abhängig von der Lagerung in den Mutterzellen, aber bei weitem nicht so mannigfaltig als beim Pollen der Phanerogamen. Die

Sporen bestehen ebenfalls aus einer Sporenzelle und einer secundären Haut, die von der des Pollen durch größere Gleichmäßigkeit und durch den Mangel der Poren verschieden ist. Außer den Keimkornbehältern findet man bei vielen kryptogamischen Gewächsen bisweilen in besonderen Hüllen oder mit den Keimkornbehältern untermengt, schlauchförmige aus einer zelligen Haut gebildete Behälter (Befruchtungsschläuche, antheridia), die einen schleimigkörnigen, oft milchartigen Saft enthalten, den sie im ersten Stadium der Entwickelung des Sporangiums entleeren und der wohl dazu beiträgt, die Entwickelung der Sporen in den Mutterzellen der Sporangien einzuleiten und zu befördern.

Der Stempel im Allgemeinen.

§. 54. Die **Stempel** (pistilla) nehmen stets den mittleren Theil der Blüthe ein und bestehen aus umgewandelten Blättern (Fruchtblätter, carpella), die sich am unteren Theile zu einer Höhlung, dem **Fruchtknoten**, germen, zusammenfalten, und die Keime des künftigen Samens, die **Samenknospen** (gemmulae), einschließen. An ihrem oberen Ende, der **Narbe**, stigma, nehmen sie den Pollen auf und leiten die Schläuche desselben durch den **Griffel**, stylus, oder, wenn dieser fehlt, direct zu den Samenknospen. In einzelnen Fällen, bei Coniferen, Cycadeen und Loranthaceen fehlt das Fruchtblatt; es sind nackte Keimknospen, die zum Theil durch Deckblätter geschützt sind. Die Stempel sind zuweilen gestützt von dem **Diskus**, einer fleischigen, scheiben- oder napfförmigen verschiedenartig mit den umstehenden Theilen verwachsenden Entwickelung des unmittelbar unter dem Stempel liegenden Theiles der Blüthenachse.

Der Fruchtknoten.

§. 55. Die einfachste Form desselben, den **einfachen und einfächrigen Fruchtknoten**, germen simplex, uniloculare, erhalten wir, wenn das Carpellarblatt sich an den Rändern zusammenbiegt und verwächst. Die verwachsene Naht liegt der Blüthenachse zu und heißt **Bauchnaht**, sutura ventralis. Den Mittelnerven des Blattes nennt man fälschlich Rückennaht, sutura dorsalis. Je nachdem die Blüthenachse mit der Entwickelung des Carpellarblattes abschließt, oder sich weiter fortsetzt und an der Bauchnaht in einem Strange anwächst, sitzen die Samenknospen im Grunde des Fruchtknoten, wie bei den Gräsern oder entspringen an der Bauchnaht einzeln, in ein oder 2 Längsreihen, wie bei Sedum, Caltha, Prunus, Ranunculus u. s. w. Selten (Butomus) sind die Samen auf der ganzen Innenseite des Fruchtknoten angeheftet. Den die Samenknospen tragenden, meist verdickten Theil der Blüthenachsen nennt man **Samenträger**, spermophorum. Kommen in einer Blüthe mehrere Pistille der beschriebenen Art vor, so können diese entweder sämmtlich frei bleiben (Delphinium) oder mit den Bauchnähten und den Seiten ganz oder theilweise verwachsen (Helleborus) und so einen zusammengesetzten Stempel, pist. compositum, pluriloculare, bilden, der dann so viele durch Scheidewände, dissepimenta, getrennte Fächer hat, als Carpellarblätter in seine Bildung eingingen. Sollten auch die Griffel zu einem einzigen verwachsen sein, so werden doch die den Fächern entsprechenden mit den Scheidewänden abwechselnden Narben schon von Außen die Natur des germen andeuten. Die Beschaffenheit der Samenträger ist die vorige. — Verwachsen die Carpelle, ohne sich nach Innen zu schlagen, bloß an ihren Rändern, so entsteht zwar ein einfächriges, aber wie aus der Anzahl der Griffel oder Narben und der von Außen wahrnehmbaren Nähte erhellt, aus mehreren Carpellen zusammengesetztes Pistill, pistillum compositum, uniloculare. Ragt die ungetrennte Blüthenachse in die Mitte desselben hinein, so bildet sie den rings von spiralförmig gestellten Keimknospen bedeckten mittelständigen Samenträger, spermoph. centrale liberum (Primulaceae), während sie in andern Fällen (Resedaceae, Violarieae) beim Eintritt in das germen sich theilt und mit den Nähten verwachsend mehrere wandförmige Samenträger darstellt, spermophora parietalia. Indem die Samenträger sich flächenartig ausbilden und in die Fruchthöhle hineinragen, bilden sie falsche Scheidewände, dissepimenta spuria, die bald an ihrer ganzen Fläche die Keimknospen tragen, Papaveraceae, bald nur in den Winkeln, Cruciferae. Bei manchen mehrfächrigen Pistillen (Linum) entstehen falsche Scheidewände durch eine flächenartige Erweiterung des Mittelnerven.

Der Griffel und die Narbe.

§. 56. Der Griffel oder Staubweg, stylus, ist die verschmälerte, in eine dünne Röhre zusammengezogene Fortsetzung des Fruchtknotens, deren Endtheil, die Narbe, stigma, entweder auf der Spitze sitzt, oder sich seitlich herabzieht. Der Form nach ist der Griffel verschieden, meist fadenförmig und gerade; seiner Anheftung nach gipfelständig, seitenständig oder grundständig. Fehlt er ganz, so erscheint die Narbe sitzend. Verwachsen bei zusammengesetzten Pistillen mehrere Griffel zu einem einzigen, so zeigen sie natürlich die entsprechende Anzahl von Griffelcanälen und Narben. Die Narbe zeigt eine viel größere Mannigfaltigkeit der Formen als der Griffel; immer ist sie von der Epidermis entblößt und mit drüsenartigen Zellen besetzt, die eine klebrige, zur Befruchtung durchaus nothwendige Flüssigkeit absondern.

Die Samenknospe.

§. 57. Die Samenknospe, gemmula, ist ein Achsenorgan und besteht aus 1 — 3 concentrischen Knospenhüllen und dem Kern, nucleus, der vollkommen frei nur an der Basis mit jenen zusammenhängt. Der Kern entsteht aus dem Samenträger zunächst als kleiner conischer Hügel, um welchen sich von der Basis aus zuerst die erste, später die zweite Samenhülle bildet. Die zweite oder äußere wächst über die erste hinaus, bleibt aber oben im äußeren Keimmund (exostomium) offen, wie die innere im inneren Keimmund, endostomium; so daß also der Kern durch Exostom, Endostom und Griffelcanal immer mit der atmosphärischen Luft in Verbindung steht. Ist nur eine Hülle vorhanden, wie bei den meisten gamopetalischen Dicotyledonen, so nennt man deren Keimmund micropyle. Häufig bleibt die äußere Hülle in ihrer Entwickelung weit hinter der inneren, oder diese auch noch hinter dem Kern zurück. Zeigt sich noch eine dritte Hülle (in der Regel entsteht sie erst nach der Befruchtung und bleibt rudimentär) so nennt man sie Samenmantel, arillus, wie die Muskatblüthe, Macis, vom Samen der Muskatnuß. Die Samenknospe wird oft durch den aus dem Samenträger hervorgewachsenen mehr oder weniger langen Nabelstrang, funiculus umbilicalis, getragen, der durch seine Gefäße ihr Nahrung zuführt. Die oft verdickte und gefärbte Ansatzstelle desselben heißt Hagelfleck, chalaza. Da der Nabelstrang in Folge von Krümmungen, die die Samenknospe später oft erleidet, theilweise an diese anwachsen kann, so nennt man zum Unterschied von der chalaza den Punkt, wo der Same später vom Nabelstrang abreißt, Nabel, hilum. Behält die Samenknospe immer ihre Richtung, so daß die Spitze derselben dem Anheftungspunkte gegenüberliegt, so heißt sie gradläufig, orthotropa; auch nach der Trennung liegt die Trennungsstelle, Nabel, dem Keimmund gegenüber; Nabel und Hagelfleck fallen hier zusammen. Krümmt sich die verlängerte Samenknospe so in ihrer Achse, daß Spitze und Basis genähert werden, so heißt sie gekrümmt, gemma campylotropa; der Keimmund liegt neben dem Nabel, der auch hier mit dem Hagelflecke zusammenfällt. Vermag der Nabelstrang in Folge zu starker Längenentwickelung die Knospe nicht mehr zu tragen, so krümmt sich diese zurück, verwächst mit dem Nabelstrang, der an der Seite als Naht, rhaphe, sichtbar bleibt, und bildet so die umgewendete Samenknospe, gemmula anatropa, bei der also der Keimmund neben dem Nabel und dieser dem Hagelfleck diametral gegenüber liegt. Letztere kommen in der Natur am häufigsten vor.

Die Befruchtung und die Entwickelung der Samenknospe.

§. 58. Nachdem das Pollenkorn beim Verstäuben der Anthere auf die Narbe gekommen ist, wird es durch Einwirkung der von dieser abgesonderten klebrigen Flüssigkeit befruchtet. Es tritt nun ein Pollenschlauch durch eine der Poren heraus und steigt in Zeit von einigen Stunden bis 4 Tagen, je nach der Länge des Griffels, zwischen den Härchen, Wärzchen und dem lockeren Zellgewebe des Griffelcanales in die Tiefe, um zum Kern der Samenknospe zu gelangen. Im Kern hat sich, meist schon zur Zeit der Narbenentwickelung, nach Auflösung des mittleren Zellgewebes eine neue riesige Zelle von verschiedener Gestalt, der Embryosack, gebildet, die für die Erzeugung des Embryo und Albumen bestimmt ist. Je größer der nachmalige Embryo mit dem Albumen wird, um so mehr schwindet natürlich von dem Knospenkern, so daß oft nur eine einfache Kernhaut übrig bleibt. Der in den Keimmund einer Samenknospe bis zum Knospenkern eingedrungene Pollenschlauch stülpt den Embryosack ein, schnürt sich, soweit er eingedrungen ist, ab, und während der äußere Theil vertrocknet, entwickelt sich der innere Theil allmälig zum Embryo. Der dem Knospenmunde zugekehrte Theil desselben heißt Würzelchen, radicula, der abgekehrte bildet die Cotyledonen oder Samenlappen, deren Zellgewebe mit assimilirten Stoffen, meist Stärke und Oel gefüllt ist. Zwischen ihnen liegt das Federchen oder Knöspchen, plumula, der Keim der künftigen Pflanze. Füllte der Embryo den Embryosack nicht ganz aus, so bilden sich im leeren Theile desselben neue Zellen, mit assimilirten Stoffen, die man Eiweißkörper, albumen, nennt. Ebenso aus den übrigen Theilen des Nucleus, die bei der Bildung des Embryosackes nicht resorbirt wurden. Man unterscheidet sie als inneres und äußeres Eiweiß, endospermium und perispermium. Embryo, Eiweiß und die beiden umgebenden zur Samenschale, testa, umgewandelten Knospenhüllen bilden den Samen, semen.

2. Die Frucht.

Die Frucht im Allgemeinen.

§. 59. Wenn die Befruchtung vollzogen ist, fängt die Blüthe an zu welken, während im Fruchtknoten, welcher die Keime der neuen Pflanze enthält, ein neues, kräftiges Leben beginnt, wodurch sich derselbe zur Frucht (fructus) ausbildet, mit welchem Namen man also den nach der Befruchtung ausgewachsenen und mit Samen versehenen Fruchtknoten bezeichnet. Die Zeit, welche von der Befruchtung bis zur Reife der Frucht verfließt, ist verschieden: 14 Tage beim Hirse, 5—6 Monate beim Wein und der Birne, 11 Monate bei der Kiefer, 2—2½ Jahr bei der Ceder. Wärme, Licht und Trockenheit zeitigen die Früchte, ebenso wirken Insectenstiche beschleunigend. (Weintrauben in Glasflaschen, Spalierfrüchte an schwarzen Wänden, vorzeitiges Abbrechen edlerer Obstsorten, Caprification der Feigen). Obgleich die eigentliche Frucht aus dem gereiften und mit Samen erfüllten Fruchtknoten besteht, so findet man doch das äußere Ansehn oft mehr oder weniger verändert, indem noch andere Theile der Blüthe (Kelch, Griffel, Krone) oder Blüthenaxe als vertrocknete Reste an der Frucht stehen blieben oder mit ihr sich fortentwickelten (Birne, Stachelbeere, geschwänzte Früchte der Clematis, Feigenfrucht). — Anderseits enthält die reife Frucht in Folge eines zufälligen oder typischen Fehlschlagens einzelner oder aller Samenknospen, oft nicht nur weniger Samen, als der Anlage nach zu erwarten waren (Corinthen ganz samenlos, ebenso oft Citronen, Apfelsinen, Aepfel), sondern erscheint auch oft einfächrig und einsamig (Quercus), während der Fruchtknoten hier dreifächrig ist mit 2 Knospen in jedem Fache.

Fruchthülle.

§. 60. Die Fruchthülle, in ihrer mannigfachen Umwandelung bedingt namentlich die Beschaffenheit und das äußere Ansehn der Früchte. Sie besteht mehr oder weniger deutlich aus einer Außenschicht, epicarpium, Mittelschicht, mesocarpium und Innenschicht, endocarpium, von denen die Außenschicht immer dünn und häutig, oft zottig und stachelig erscheint, die Innenschicht dagegen, als bloße innere Auskleidung der Fruchthöhlen dünn und glatt. Der wichtigste Theil, die Mittelschicht, von sehr verschiedener Dicke, ist häutig, blattartig, saftig, fleischig, lederartig, holzig oder beinhart, meist gleichmäßig ausgebildet, zuweilen aber auch nach Außen saftig, nach Innen steinartig, wo sie sich dann bei der Reife in 2 Theile spaltet: Pflaume, Mispel.

Fruchtarten.

§. 61. Je nachdem ein oder mehrere Stempel sich bei der Bildung der Frucht betheiligten, unterscheidet man einfache und mehrfache Früchte, und nennt außerdem Sammelfrüchte oder Afterfrüchte die aus Vereinigung mehrerer einfachen entstandenen Früchte, bei denen also die Früchte eines ganzen Blüthenstandes zu einem Ganzen vereinigt sind.

A. Die einfachen Früchte, fructus simplices, sind nach den verschiedenen Veränderungen, welche das Mesokarp der Fruchthülle erlitten hat, nußartig, beerenartig, pflaumenartig und kapselartig.

1. Die nußartigen Früchte, fructus nucamentacei, sind trocken, hart, nicht aufspringend, meist einfächrig und einsamig, zuweilen geflügelt. Hierher gehören unter dem wunderlichsten Gemenge von Namen: die Früchte der Gräser, Cyperaceen, vieler Ranunculaceen, Rosaceen und Rubiaceen, aller Umbelliferen, Acerineen, Cupuliferen u. s. w.

2. Die beerenartigen Früchte, fructus baccati, sind fleischig und saftreich, nicht aufspringend und entstehen aus einem ober- oder unterständigen, ein- oder mehrfächrigen Fruchtknoten. Die Kürbißfrucht und Orange schließen sich hier an.

3. Die pflaumenartigen Früchte oder Steinfrüchte, fructus drupacei, sind nicht aufspringend, ein- oder mehrsamig. Die äußeren Schichten des Mesocarpium, mehr oder weniger fleischig und

saftreich, auch wohl trocken, lederartig, oder holzig, trennen sich von den inneren Schichten, die steinhart sind. Je nachdem sie aus einem ein- oder mehrfächrigen Pistill entstanden, unterscheidet man: Pflaumen, drupae (Prunus, Amygdalus, Olea, Juglans und Cocos), und Steinbeeren, pyrenae (Sambucus, Cornus, Coffea).

4. Die kapselartigen Früchte, fructus capsulares, sind trocken, häutig, verschiedenartig aufspringend (bald parallel der Achse, bald senkrecht auf diese, bald im Kreise, zuweilen in Löchern), ein- oder mehrfächrig, meist mehrsamig. Nach meist unwesentlichen Unterschieden trennt man: Kapsel, capsula, Schote, siliqua, Schötchen, silicula, Gliederschote, siliqua lomentacea, Hülse, legumen, Gliederhülse, lomentum, und Balgkapsel, folliculus.

B. Die mehrfachen Früchte, fructus multiplices, entstehen aus der mehr oder weniger innigen Vereinigung mehrerer in einer Blüthe befindlichen Stempel und entsprechen in ihren einzelnen Theilen den genannten Abtheilungen der einfachen Früchte. Es gehören hierher unter Andern: die Hagebutte, ein fleischig und saftig gewordenes Kelchrohr, auf dessen innerer Oberfläche die einzelnen Nüßchen sitzen; die Erdbeere, ein fleischig gewordener, kugelförmig angeschwollener, mit Nüßchen besetzter Fruchtboden; die Himbeere, eine Vereinigung mehrerer mehr oder weniger fest verwachsener Steinbeeren.

C. Die Sammelfrüchte oder Afterfrüchte, fructus compositi, entstehen, indem sämmtliche Früchte eines ganzen Blüthenstandes zu einer gemeinsamen fruchtähnlichen Form vereinigt werden. So verwachsen bei der Maulbeere, Brodfrucht, Ananas, die sämmtlichen nußförmigen Früchte eines ährenförmigen Blüthenstandes unter sich und mit den fleischig gewordenen Kelchen. Der Tannenzapfen, conus, besteht aus einer Anzahl lederartiger oder holziger Bracteen, die an einer einfachen holzigen Spindel in Spiralen dachziegelartig liegen und auf der Innenseite 1—2 nackte Samen haben; selten sind die Bracteen fleischig und verwachsen, wie bei Juniperus. Der Laubzapfen, julus, von Alnus, Humulus und Betula ist gebildet von Bracteen, in deren Achsel die eigentlichen Früchte sitzen. Die Feige ist eine becherförmig vertiefte fleischige Blüthenachse, auf deren innerer Fläche zahlreiche Nüßchen sitzen. Der Apfel ist eine fleischige Frucht, in deren Mitte die Samen in ein vielfächriges pergamentartiges, zuweilen steinartiges Gehäuse eingeschlossen sind.

3. Der Samen.

Die Samenschale.

§. 62. Der Samen, semen, ist der innere Theil der Frucht, welcher unter einer besonderen Hülle die Anlage zur neuen Pflanze enthält. Man unterscheidet an ihm Samenhülle oder Samenhaut, perispermium, und Samenkern, nucleus. Erstere besteht meist aus 2 Häuten, der äußeren Samenschale, testa, und der inneren Kernhaut, tegmen, von denen namentlich die erstere die größten Verschiedenheiten zeigt.

Der Eiweißkörper.

§. 63. Der Samenkern, von der Samenhülle eingeschlossen, füllt diese meist ganz aus; er besteht aus dem Embryo allein, wie bei Cruciferen, Leguminosen, Labiaten, Compositen u. s. w., oder enthält noch eine dichte Masse, den Eiweißkörper, albumen, wie die Monocotyledonen. Dieser dient dem Embryo während des Keimens als Nahrung und umschließt bald denselben, bald trägt er ihn auf seiner Oberfläche. Mit der zunehmenden Größe des Albumen muß natürlich die des Embryo sich vermindern, und am Embryo namentlich die Größe der Cotyledonen, die, wenn das Albumen fehlt, dasselbe vertreten. Der Zusammensetzung nach ist das Albumen mehlhaltig (Gräser), hornartig (Caffe), knorpelig, fleischig oder ölig und oft von der größten technischen Wichtigkeit. Samen, die bloß Eiweiß ohne Embryo enthalten, heißen taube oder leere und sind natürlich für die Erzeugung neuer Pflanzen nutzlos.

Der Embryo.

§. 64. Der Form und Lage nach ist der Embryo abhängig von der Gestalt und Entwickelung der Samenknospe und des Eiweiß. Er besteht aus dem Federchen, plumula, und dem Würzelchen, radicula. An dem Punkte, wo beide zusammenstoßen, sind die Cotyledonen oder Samenlappen, die ersten Pflanzenblätter befestigt, die bei fehlendem Albumen meist sehr groß, dick und fleischig und mit ähnlichen assimilirten Stoffen angefüllt sind wie die Zellen des Eiweißkörpers. Der Samen hat entweder einen Saamenlappen, der dann die plumula mit seinem scheidenartig erweiterten Grunde umschließt und häufig verwächst, daher einfach und kegelförmig erscheint; oder 2 Samenlappen, die dann immer einander gegenüberstehen. Es beruht darauf die Eintheilung der Pflanzen in Monocotyledonen und Dicotyledonen. Die Coniferen zeigen ausnahmsweise viele in einen Wirtel gestellte Cotyledonen und heißen deshalb Polycotyledonen. Pflanzen ohne Embryo, und natürlich auch ohne Samenlappen heißen Acotyledonen (Cryptogamen).

Cap. IV. Lebenserscheinungen im Entwickelungs-vorgange des Individuum.

1. Das Keimen.

Keimfähigkeit.

§. 65. Sobald der Same reif ist, schläft der Embryo, bis er durch das **Keimen**, germinatio, zu neuem Leben erweckt wird und seine Hüllen durchbrechend sich zur neuen Pflanze entwickelt. Je reifer der Same, um so größer ist seine Keimungsfähigkeit, die er dann unter günstigen Umständen mit wenigen Ausnahmen (Coffea und alle andern Rubiaceen, Laurineen und Myrtaceen) meist viele Jahre lang behält. Melonen keimten nach 41, Mimosa pudica nach 60, Roggen nach 141, Weizen aus ägyptischen Mumienkasten nach mehr als 2000 Jahren. Eine ungeheure Menge von Samen kommt aber jährlich um, wie ein Vergleich der geringen Zahl von Pflanzen einer Species mit der Zahl der Samenkörner ergibt. Ein Mohnkopf hat 32,000, eine Tabacksstaude 360,000, eine Ulme über 592,000 Samen.

Bedingungen des Keimens.

§. 66. Bedingungen des Keimens sind Wasser, Luft und Wärme. Die für jedes Samenkorn nöthige Wassermenge richtet sich nach der Größe und Beschaffenheit des Samens. Das durch Endosmose aufgenommene Wasser löst die in den Zellen abgelagerten Stoffe und leitet den unterbrochenen chemischen Prozeß wieder ein. In destillirtem Wasser kann aus Mangel an Luft der Same nicht keimen, ebenso wenig in einer Atmosphäre von Kohlensäure, Wasserstoff oder Stickstoff. Der Sauerstoff der Luft ist zum Keimen nöthig, indem er dem Samen den überflüssigen Kohlenstoff, der zu dessen Erhaltung nöthig war, entzieht und als Kohlensäure ausscheidet. Die Samen werden dadurch gleichsam in den vorreifen Zustand zurückgeführt, daher der süße Geschmack gekeimter Samen. (Reife Erbsen keimen lassen, gekocht, schmekken wie junge Erbsen.) Reiner Sauerstoff wirkt zu reizend, schwächt daher den Keim auf die Dauer. Chlor, Brom und Jod ersetzen den Sauerstoff und beschleunigen das Keimen. Das dritte Erforderniß ist die Wärme, die als Reizmittel die Lebensthätigkeit anregt. Unter + 3° keimt kein Same; doch kann er in trockner Luft mehr als — 32° R. Kälte vertragen, ohne die Keimkraft zu verlieren; 40° Wärme tödten meist die zarteren Samen, während festere, ölige ohne Schaden 15 Minuten in kochendem Wasser liegen können, ja dann zum Theil noch schneller keimen. Der Boden ist nicht wesentliche Bedingung des Keimens; er wirkt durch zweckmäßige Vertheilung des Wassers und durch Abhalten des nachtheiligen Lichtes. Die zum Keimen erforderliche Zeit ist verschieden nach Art und Umständen; manche Gräser keimen schon in der Aehre, die Flachsseide in der Kapsel, manche Palmen und andre feste Samen liegen, namentlich wenn sie schon alt sind, Jahre lang in der Erde.

Vorgänge bei der Keimung.

§. 67. Der erste Act der Keimung besteht in der Aufnahme von Wasser, wodurch der Keim mit ungeheurer Kraft (Sprengen von Schädeln durch keimende Erbsen) aufschwillt und die Samenhülle berstet. Der Inhalt des Kerns, Stärke und Oele, verwandelt sich unter der erwähnten Ausscheidung von Kohlensäure (durch den Einfluß der im gekeimten Samen gebildeten Diastase) in Gummi und Zucker, in denen nun das Material für Neubildungen gegeben ist. Es beginnt nun die Entwickelung des Embryo mit der Verlängerung des Würzelchens, welches die Samenschale durchbricht und wie es auch liegen mag, sich dem Mittelpunkte der Erde zukehrt. Hierauf kommen das Knöspchen und die Cotyledonen zum Vorschein, welche letztere sich bald über die Erde erheben, bald unter ihr bleiben. Die vorher in den Cotyledonen abgelagerten, jetzt aufgelösten Stoffe ernähren die junge Pflanze, bis diese ihre Nahrung selbstständig aufnehmen kann.

2. Krankheiten der Pflanze oder Pflanzenpathologie.

Mißbildungen.

§. 68. Die Pflanzen sind, wie die Thiere, mancherlei krankhaften Zufällen unterworfen, die theils auf gewisse Organe und Stellen eingeschränkt sind, theils die ganze Pflanze betreffen. Die meisten Krankheiten sind nur örtlich, weil den Pflanzen das Nervensystem fehlt, welches in den Thieren jeden krankhaften Zustand eines Organes den anderen mittheilt. Ist die Lebensthätigkeit der Pflanze auf irgend eine Art widernatürlich verändert, so geht die Pflanze in einen abnormen Zustand, den der Mißbildung über. Die Mißbildungen, die sich an allen Theilen, am seltensten an der Wurzel zeigen, sind entweder natürliche bei wildwachsenden Pflanzen, oder künstliche, durch Cultur erzeugte: Rettig, Rübe, Kohlrübe, Kohlrabi, Zwergformen (erzeugt durch spärliche Nahrung oder wiederholtes Abschneiden der Gipfeltriebe) Weißkohl, Grünkohl, Kopfsalat, Blumenkohl, halb und ganz gefüllte Blumen, Krachmandeln, Ananas, Corinthen.

Krankheiten im Allgemeinen.

§. 69. Durch unverhältnißmäßige Zu- oder Abnahme oder gänzlichen Mangel der äußeren Lebensbedingungen, durch nachtheilige Einwirkung in der Atmosphäre oder im Boden befindlicher Substanzen, durch äußere oder innere Verletzungen kann eine widernatürliche Erhöhung oder Verminderung der Erregbarkeit des Pflanzengewebes bewirkt werden, und in Folge dessen ein veränderter Gang der Verrichtungen, d. h. ein krankhafter Zustand eintreten, der entweder partiell oder allgemein ist, und durch längeres Andauern oder Heftigkeit den Tod herbeiführt. Außer solchen äußeren oder Gelegenheitsursachen gibt es auch innere, in einer fehlerhaften Organisation des Pflanzenbaues liegende Ursachen, die jedoch schwer zu erkennen sind. Eine oder mehrere Ursachen können dieselbe Krankheit hervorrufen, dieselbe Ursache wieder mehrere Krankheiten erzeugen. Tritt eine Pflanzenkrankheit sehr allgemein und weit verbreitet auf, so nennt man sie Pflanzenseuche oder Epiphytosie.

Krankheiten, welche von verändertem Einfluß der äußeren Lebensbedingungen herrühren.

§. 70. Durch Lichtmangel, in Folge dessen der Nahrungssaft nicht gehörig assimilirt wird, durch unpassenden Boden, zu große Wärme oder Kälte, Ueberfluß von Feuchtigkeit, Benagen der Wurzeln durch Insecten, wird die Pflanze entkräftet, wässrig, bleich, streckt sich in die Länge. Man nennt es das Verschnacken oder Vergeilen; zutretendes Licht hebt oft die Krankheit. Verschieden davon ist die aus unbekannter Ursache entstandene Bleichsucht, in Folge deren ohne damit verbundene Entkräftung die Blätter weiß gesprenkelt erscheinen. Sie bleibt bei Holzpflanzen constant und läßt sich auf andre Stämme verimpfen. Welkwerden, fortschreitend zum Verdorren mit Entblätterung ist Folge von Hitze und Abnahme der Feuchtigkeit; Blättersucht, ein zu üppiges Blättertreiben ohne Blüthenbildung Folge von bedeutender Hitze mit Feuchtigkeit. Verkümmerung der ganzen Pflanze durch zu niedrige Temperatur erzeugt Unfruchtbarkeit. Späthfröste im Frühjahr sind Ursache des Frostes oder trocknen Brandes, der sich durch Schwarzwerden der jungen Triebe, Blätter und Blüthen zu erkennen gibt. Frostkälte wirkt überhaupt um so verderblicher, je wässeriger die Pflanzensäfte, daher strenger Winter weniger schädlich nach warmen Sommern, wo das Holz ordentlich erhärten konnte, während nach kalten Sommern früh eintretender Frost durch das Erfrieren der jüngsten Splintlagen die Splintschwäche erzeugen kann. Sind dabei Rinde und Bast unversehrt geblieben, so bildet sich im Frühjahr eine neue Schicht um den erfrorenen Splint, dieser vermodert und verursacht die Frostklüfte. Durch die Ausdehnung des im Winter im Baume gefrierenden Wassers entstehen in der Richtung der Markstrahlen die Frostspalten. Frostklüfte und Frostspalten schaden einem gesunden Stamme nicht, wenn sie nicht in Frostbeulen ausarten, die durch Verderben der Säfte feuchten Brand, Geschwüre und den Tod der Pflanze herbeiführen. Erfriert auch Bast und Rinde, so stirbt der Stamm und muß durch Abhauen zu neuen Trieben gezwungen werden. Die geringere Menge von Saft im Winter bei den Laubhölzern, die harzigen, wenig wässrigen Säfte bei Nadelhölzern machen strenge Winter unschädlich und erlauben namentlich den Nadelhölzern, so wie auch der durch eine Rinde von vielen trocknen Lamellen geschützten Birke weit über den Polarkreis, und auf hohe Berge hinaufzugehen. Zu erwähnen ist hier noch die Wassersucht, eine durch große Nässe, Mangel an Licht und Wärme entstehende Verdünnung der Säfte, wobei die Zellenmembranen dünn, Geruch und Geschmack der Früchte und fleischigen Wurzeln fade werden, und diese endlich in feuchten Brand übergehen. Ist bei großer Nässe, Licht und Wärme günstig, so werden die Säfte zwar assimilirt, es entsteht aber Vollsaftigkeit, die den Saftfluß, Gummifluß, Harzfluß erzeugt, unter Umständen Geschwüre oder Abzehrung, Verdorren und Wurmfraß hervorbringt. Bei heißem Wetter, nach feinem Regen entsteht der Honigthau, ein von der Oberfläche der Blätter abgesonderter süßer, klebriger Saft, der nicht durch Blattläuse hervorgebracht wird.

Krankheiten, die durch mechanische Ursachen und durch den Einfluß von Schmarotzerpflanzen entstanden sind.

§. 71. Quetschung, Reibung, anhaltender Druck erzeugen Kränklichkeit und Tod bei jüngeren Zweigen, Wülste in der Rinde älterer Stämme, Baumflecke bei Früchten; Wunden, durch verschiedene Ursachen entstanden, sind unschädlich, wenn der getroffene Theil wieder berinden kann; im andern Falle kann Baumkrebs entstehen. Insectenfraß oder Wurmkrankheit entsteht durch Zernagen oder Aussaugen durch Insecten. Viele Pflanzen haben ihnen eigenthümliche Feinde, die bald auf gewisse Theile angewiesen sind, bald die ganze Pflanze angreifen. Zu den wichtigsten gehören für die Wurzeln: die Engerlinge, mehrere andre Käferlarven, die Maulwurfsgrille und Coccus polonicus (an den Wurzeln von Scleranthus in Polen in solcher Menge, daß er als deutsche Cochenille gesammelt und verbraucht wird). Von den unendlich vielen Insecten, die die Blätter angreifen, erwähnen wir nur die Raupen im Allgemeinen, den Maikäfer und die Gallwespe, Cynips, deren verschiedene Arten auf verschiedenen Pflanzen die Galläpfel durch Anstechen von Blatt oder Rinde mit dem Lagestachel erzeugen.

Die phanerogamischen Schmarotzer nähren sich auf Kosten gesunder Mutterpflanzen, die sie entkräften und durch deren Krankheiten sie mit leiden. Das ungeheure Heer der kryptogamischen Schmarotzer nistet sich oft auf schon kranken Pflanzen ein, kann aber auch wieder Ursache von Krankheiten werden. Die wichtigsten derselben werden in der Beschreibung der Familien bei den Pilzen aufgeführt werden.

Lebenszähigkeit der Pflanze, ihr Alter, ihr Tod.

§. 72. Trotz dieser großen Anzahl von Krankheiten darf man doch behaupten, daß die Lebenskraft der Gewächse die der Thiere um Vieles an Zähigkeit übertrifft. Die nach vielen Jahrhunderten keimenden Samen, Aepfelbäume, die 18 Monate im Eiskeller gestanden hatten und doch wieder trieben, die Birke, die 32° Kälte überdauert, sowie Pflanzen die in Quellen von 60° C. und im vulkanischen Boden von 80° C. wachsen, sind Beweis dafür. Die Lebensdauer ist sehr verschieden: viele Pilze leben nur Tage oder Stunden, das Alter eines Affenbrodbaumes von 73' Höhe und 30' Durchmesser schätzte man auf 6000 Jahre, das einer virginischen Cypresse auf 4000 Jahre, Eichen auf 1500, Taxus auf 2000, Platanen von 150' Umfang auf 4000, Linden auf 1200 Jahre. In dem Verhältniß, als der Baum an Dicke zunimmt, verstopfen sich ihre Zellen, circulirt der Saft schwerer, Einsaugung und Ausdünstung nehmen ab, Knospen und Wurzeln werden seltener und schwächer, die Aeste vertrocknen, der Stamm verdorrt am Gipfel, das Holz fängt an zu faulen, nach und nach hört alle Entwickelung auf, der Baum stirbt ab. Chemische Prozesse leiten seine weitere Zersetzung ein, Wasser und Kohlensäure wird entbunden, Humus bleibt übrig.

Cap. V. Verhältniß der Pflanzen zu Raum und Zeit.

1. Pflanzengeographie.

Numerische Vertheilung der Pflanzen.

§. 73. Die Anzahl der Pflanzenarten läßt sich nicht genau bestimmen, da erst ein kleiner Theil der Erde durchforscht ist; doch schätzt man die Gesammtzahl der Pflanzen auf 200,000, von denen 66,000 Arten beschrieben, 80,000 Arten aber überhaupt bekannt sind. Sie sind auf der Erde verschieden vertheilt, und es nimmt ihre Anzahl, vom Aequator, wo sie am zahlreichsten ist, nach den Polen zu ab. Europa hat etwa 7000 Phanerogamen, Deutschland 2,600. Die Anzahl der Kryptogamen ist weit weniger bekannt, doch weiß man, daß sie im hohen Norden zwar die der Phanerogamen übertrifft, im Allgemeinen jedoch wahrscheinlich lange nicht erreicht. In Bezug auf die drei Hauptabtheilungen weiß man, daß die Dicotyledonen vom Aequator nach den Polen hin abnehmen, die Monocotyledonen und Acotyledonen dagegen in demselben Verhältniß zunehmen. In der Mark finden sich gegen 1400 phanerogamische Arten in über 500 Gattungen.

Standort der Pflanzen.

§. 74. Ihrem Standorte nach unterscheidet man a. Meerpflanzen, fast nur Algen und zwar Tange, die an den weniger tiefen Ufern (namentlich an der Südspitze von Südamerika), auf dem Boden festsitzen und Millionen von Thierchen beherbergen. Selten sind sie weit vom Festlande entfernt, wie Fucus natans, der westlich von den canarischen Inseln etwa in der Mitte zwischen Amerika und Europa beginnend, sich in 2 Gürteln bis Westindien hinzieht und einen Flächenraum von 40,000 Quadratmeilen in eine große Meereswiese verwandelt. b. Süßwasserpflanzen, können entweder schwimmen wie Algen und Lemna oder sie wurzeln wie Nymphaeaceae, Alismaceae, Hydrocharideae. c. Landpflanzen, zerfallen nach der Beschaffenheit des Bodens in Sandpflanzen, Kalkpflanzen, Torfpflanzen, Sumpfpflanzen, Feldpflanzen, Weidepflanzen, Waldpflanzen, Bergpflanzen, Felsenpflanzen, Mauerpflanzen, Schuttpflanzen, ächte und unächte Schmarotzerpflanzen.

Physiognomik der Gewächse.

§. 75. An allen diesen Orten sind die Pflanzen entweder nur einzeln vorhanden, also ungesellig, oder gesellig, wie Haidekräuter, Kiefern, Laubholzbäume und Rennthiermoos, und bedingen durch ihre Geselligkeit den eigenthümlich einförmigen Charakter einer Gegend. So bilden die Gräser nur in den kälteren Theilen der gemäßigten Zonen Wiesen, während sie in der heißen Zone baumartig werden (Bambus, Zuckerrohr u. s. w.). Die Scitamineen, Musaceen, Ananas-Gewächse, Palmen, baumartigen Farrenkräuter und Mimosen kommen fast nur in der heißen Zone vor und verleihen der Landschaft einen ebenso großen Schmuck, als sie dem Menschen nützlich sind. Die Nadelhölzer sind zwar über die ganze Erde verbreitet, doch gehören die ächten Formen ausschließlich der nördlichen Erdhälfte an und gehen bis hinauf zum Polarkreise; sie werden in Neu-Holland vertreten durch die schachtelhalmartigen Casuarinen. Laubhölzer, ebenfalls in allen Theilen der Erde, zeigen doch überall verschiedene Formen (Weiden, Eichen und Buchen, Myrten, Lorbeerbäume, Malvengewächse). Die Cactusformen der neuen Welt werden in der alten Welt vertreten durch Euphorbien und Aloe. Lianen oder Schlingpflanzen, in Verbindung mit Orchideen und Aroideen, den nördlichen Gegenden fast fremd, geben dem Pflanzenwuchs eine außerordentliche Fülle und Mannigfaltigkeit, indem sie in den Tropenwäldern die höchsten Bäume überziehen. Die Formen der Liliengewächse und der Haidekräuter haben ihr Hauptvaterland im südlichen Afrika; hier bilden sie Massen und bestimmen den Naturcharakter der Gegend; von den letzteren tritt Calluna vulg. auch bei uns in hervortretender Menge auf und gibt den Gegenden oft einen eigenen melancholischen Charakter.

Vertheilung der Erdwärme.

§. 76. Wäre die Oberfläche der Erde überall gleichartig, so müßten die Sonnenstrahlen auch an allen Orten unter gleicher Breite eine gleiche Temperatur erzeugen. Es müßten also Isothermen, Isotheren und Isochimenen, d. i. Linien, die eine gleiche mittlere Jahres-, Sommer- und Wintertemperatur verbinden, parallel dem Aequator, also in den Parallelkreisen liegen, die Wärme müßte nach Nord und Süd gleichmäßig abnehmen und die Kältepole mit den Erdpolen zusammenfallen. Die Vertheilung von Wasser und Land aber, namentlich die Anhäufung zweier ungeheurer Ländermassen im Osten und Westen, Nordamerika und Asien, schuf im Norden 2 Kältepole, den asiatischen unter 72° N. Breite mit — 17,2° C. in der Nähe der Insel Neu-Sibirien und den amerikanischen unter 75° N. Breite mit — 19,7° C. auf der Melville-Insel. Da die Wärme von diesen Punkten an zunächst ziemlich gleichmäßig zunimmt, so bilden die Isothermen um diese Pole herum Kreise, die dann in einander übergehen, sich aber natürlich zwischen beiden Polen weiter nach Norden erheben. Der atlantische und der große Ocean steigern diese Erhebung. So zieht sich die westliche Isotherme von — 15° C. als Kreis zwischen dem 70 und 80° N. Br. um ihren Kältepol herum, die von — 10° zwischen 65° und 85° N. Br.; ähnlich die entsprechenden asiatischen Isothermen. Die Isothermen von — 5° vereinigen sich schon in eine einzige, sich um beide Kältepole erstreckende Kurve, und zwar steigt diese von 58° N. Br. an der Küste von Labrador durch die Baffinsbay und Grönland, bis sie östlich von diesem 80° N. erreicht, geht dann südlich, tritt bei Novaja Semlja in Asien ein, senkt sich bei Jeniseisk bis 58° N. erhebt sich wieder, geht durch die Beringsstraße bis 72° N. und senkt sich von da bis zum Anfang. Alle übrigen nördlich von den Wendekreisen liegenden Isothermen gehen dieser ersten mehr oder weniger parallel, die Erhebungspunkte liegen also auf der Westküste von Europa (hier fast unter gleichem Meridian) und auf der Westküste von Nordamerika, die Senkungspunkte auf der Ostküste von Nordamerika und im Innern von Asien. Mit der Annäherung an den Aequator nehmen die Erhebungen, folglich auch die Senkungen ab durch die abnehmenden Breitendimensionen der Continentalmassen, durch das Vorherrschen des Wassers, so daß endlich der Wärme-Aequator (+ 28° C.), mit dem die zwischen den Wendekreisen liegenden Isothermen ziemlich parallel gehen, nicht zu sehr abweicht vom terrestrischen Aequator. Er liegt meist etwas nördlich von demselben, über den er sich im Antillenmeere bis 12° N. in der Mitte von Afrika und Ostindien bis 15° N. erhebt, unter den er sich bei den Sunda-Inseln bis 7° S. senkt. Er schneidet den terrestrischen Aequator auf der Ostküste von Sumatra und in der Mitte zwischen Asien und Amerika. Aus Obigem folgt, daß der Osten der neuen Welt (um 2—7°) kälter ist als entsprechende Orte im Westen der alten Welt, daß es im Inneren der Continente unter gleichen Breitengraden bedeutend kälter ist, als an den Küsten (Continental- und Littoralclima), daß innerhalb der Tropen Amerika nicht merklich kälter ist als die alte Welt, daß aber die inneren Theile von Nordamerika kälter sind, als die entsprechenden Theile des inneren Asien. Auf der südlichen Halbkugel, die in Folge des vorherrschenden Meeres etwas kälter ist als die nördliche, entsprechen die Isothermen, eben wieder wegen der größeren Wassermenge fast den Parallelkreisen.

Die Temperatur der Jahreszeiten ist nicht aller Orten auf den einzelnen Isothermen gleich; dieselben Ursachen, welche die Erhebung der Isothermen hervorbringen, machen auch die Differenz zwischen Sommer- und Wintertemperatur geringer. Man findet also an den Erhebungspunkten der Isothermen im Allgemeinen wenig heiße Sommer und gelinde Winter, an deren Senkungspunkten dagegen zwar kalte Winter, aber auch um so heißere Sommer.

Einfluß der Erdwärme auf die Verbreitung der Gewächse.

§. 77. Welchen Einfluß solche klimatische Verschiedenheiten auf die Vegetation ausüben müssen, ist klar. An mehreren Orten Sibiriens, in Jakuzk z. B., wo die mittlere Jahrestemperatur — 9,7° ist, die mittlere Wintertemperatur aber — 38,9° beträgt, wird während des kurzen aber heißen Sommers Weizen und Roggen auf einem Boden gebaut, welcher in einer Tiefe von 3 Fuß beständig gefroren bleibt, während auf der Insel Island, bei ungleich höherer Jahrestemperatur und bei einer unbedeutenden Winterkälte an den Bau von Cerealien nicht mehr zu denken ist, weil die niedrige Sommertemperatur nicht hinreicht, sie zur Reife zu bringen. Der Winter ist in Plymouth nicht kälter als in Florenz, der Weinbau gedeiht aber nicht in England, weil die Rebe wohl eine ziemlich starke Kälte vertragen kann, aber eines heißen Sommers bedarf, wenn die Trauben reifen sollen. Ungarn bringt ausgezeichneten Wein, obgleich seine Winter kälter sind als die der Faröerinseln, wo Buche und Eiche nicht mehr fortkommen.

Pflanzenzonen.

§. 78. Nach der Vertheilung der Wärme richtet sich die Vertheilung der Gewächse und es bilden sich so auf der Erde gewisse Pflanzenzonen, die in einem Gürtel um die Erde herumgehen und in ihrer Lage den Isothermen entsprechen. Man unterscheidet folgende 15 Zonen:

Eine Aequatorialzone, mittlere Temperatur 26—28° C., umfaßt Central-Amerika, Westindien, Columbien, Guyana, Nordbrasilien, Central-Afrika, Arabien südlich von Mecca, Beludschistan, Vorder- und Hinterindien, die südlich asiatischen Inseln, den nördlichen Theil von Neu-Holland.

Zwei tropische Zonen, Temperatur 23—26° C. Die nördliche

umfaßt: Süd-Californien, Mexico, Florida; Biledulgerid, Aegypten, Nord-Arabien, Mesopotamien, südliche Theile von Iran und Afganistan, Nepal, Budan, Tonkin, Umgegend von Canton, Philippinen. Die südliche umfaßt: Peru, Central-Brasilien; Hottentoten- und Kaffernland, den größten Theil von Neu-Holland.

Zwei subtropische Zonen, Temperatur 17—23° C. Die nördliche umfaßt: das nördliche Mexico, die südlichen Vereinsstaaten, Nord-Afrika, die südlichen Theile von Europa und Kleinasien, Palästina, Nord-Persien, große Strecken von China rechts und links vom Jantsekiang. Die südliche umfaßt: Bolivia, Paraguay, Süd-Brasilien, Capland, die Südküste von Neu-Holland.

Zwei wärmere gemäßigte Zonen, 12—17° C. Die nördliche umfaßt: die mittleren Theile der Vereinsstaaten, Süd-England, Frankreich, Süd- und Mittel-Deutschland, Ungarn, Türkei, Süd-Rußland, Caucasien, Turkestan, Hoangho. Die südliche: Chili, la Plata, Vandiemensland, den größeren Theil von Neu-Seeland.

Zwei kältere gemäßigte Zonen: 6—12° C. Die nördliche umfaßt: die nördlichen Vereinsstaaten, England, Schottland, Irland, das nördliche Deutschland, Südküste von Skandinavien, das mittlere Rußland, die südlichen Theile von Sibirien, den nördlichen Theil von China. Die südliche umfaßt: Patagonien, die südlichen Theile von Neu-Seeland.

Zwei subarctische Zonen, 4—6° C. Die nördliche umfaßt: den südlichen Theil der Hudsonsbay-Länder und Islands, die mittleren Theile von Skandinavien, Theile von Rußland in der Richtung von Petersburg, Nizhnei-Nowgorod, Simbirsk, Kolywan, Irkutzk, Nertschinsk, die Südspitze von Kamtschatka. Die südliche umfaßt Feuerland.

Zwei arctische Zonen, + 2° C. Die mittleren Theile von russisch Amerika, die Hudsonsbay-Länder und Island, Skandinavien mit Ausnahme von Lappland, Rußland mit Ausnahme der nördlichen Theile, das mittlere Sibirien. Die antarctische und südliche Polarzone sind vom Meere bedeckt.

Zwei Polarzonen, + 2 — 16° C. Die nördliche umfaßt die nördlichsten Theile von Amerika, Europa und Asien.

Die Vegetation in diesen Zonen.

§. 79. Während in der nördlichen Polarzone und der subantarctischen Zone die höchst dürftige Flora fast nur gebildet wird von Moosen und Flechten, treten in der arctischen Zone schon perennirende phanerogamische Gewächse auf; sie bildet die Grenze des Baumwuchses. In der subarctischen Zone sind Wälder von Nadelhölzern, Birken und Weiden vorherrschend, Moose und Flechten in Masse, dürftige Wiesen. In der kälteren gemäßigten Zone ertheilt das massenhafte Auftreten einer geringen Zahl von Laubholzarten mit abfallenden

Blättern, neben Nadelholzwäldern, ausgedehnten grünen Wiesen und großen Haiden von Calluna vulg. (Haidekraut), sowie Torfmoore der Vegetation einen eigenthümlichen Character, der östlich von der Wolga durch Salz- und Steppenpflanzen noch modificirt wird. Die Nordgrenze dieser Zone ist die Grenze des Weizens und der Buche. Wein bis 50°. Die südlichen Regionen, fast noch unbekannt, scheinen den unseren zu entsprechen. Immergrüne Laubhölzer sehr verschiedener Art, dornige Gesträucher und seltenes Auftreten von Wiesen entsprechen den wärmeren gemäßigten Zonen. Eigentliches Vaterland des Weinstockes. In den subtropischen Zonen erhält die Vegetation durch Palmen, baumartige Gräser, die verschiedenartigsten Bäume, meist mit dickem glänzenden Laube oder zarten Fiederblättchen einen eigenthümlichen, durch den Mangel an grünen, saftigen Wiesen erhöhten Ausdruck. Erst in der tropischen und Aequatorialzone erlangt die Vegetation, unter übrigens gleichen Umständen, durch die hohe Wärme verbunden mit hinreichender Feuchtigkeit eine Entwickelung, die sowohl in Bezug auf Artenzahl als Anzahl und Stärke der Individuen ohne Vergleichung dasteht. Tausendjährige riesenhafte Stämme von Hunderten von Schmarotzergewächsen bedeckt, und von den biegsamen, Schiffsthau ähnlichen Stengeln der mannigfaltigsten Lianen zu undurchdringlichen Verhauen verwebt, vereinigen sich hier zu Urwäldern, durch deren dichtbelaubte Wipfel kein Sonnenstrahl eindringt. Die herrlichsten Orchideen sitzen in der Rinde und in den Spalten der Gewächse, wie bei uns kümmerliche Flechten und Moose. Hoch in den Kronen der Bäume prangt die parasitische Riemenblume (Loranthus), während aus den Wurzeln riesige Rafflesiaceen mit Blumen von 4 Fuß Durchmesser hervortreten. Die trefflichsten Culturpflanzen wie Pisang, Palmen, Brodfrucht, Yams, Cacao, Kaffe, Zucker, die köstlichsten Gewürze wie Zimmet, Muskatnuß, Gewürznelken, Cardamomen und Ingwer werden hier erzeugt; aber auch die furchtbaren Gifte des Mancinellenbaumes, Upasbaumes, der Euphorbien, eine furchtbare Waffe in den Händen der meist tückischen Eingeborenen, die ihre Pfeile zum Gebrauch im Kriege, wie auf der Jagd damit vergiften. Alles dies aber nur unter günstigen Umständen, namentlich bei hinreichender Feuchtigkeit, während constanter Mangel an Wasser, verbunden mit schlechtem Boden, weite Strecken ewig unfruchtbar läßt, periodischer Mangel die herrlichsten Gegenden wenigstens zur Sommerzeit in todte Wüsten verwandelt.

Pflanzenregionen.

§. 80. Der Abnahme der Wärme vom Aequator nach den Polen hin, entspricht die Abnahme derselben von der Meeresfläche bis zur Schneeregion der Gebirge, die natürlich unter verschiedenen Parallelkreisen eine ungleiche Höhe haben muß. Am Aequator liegt sie in einer Höhe von 15,200', bei 20° N. = 14,000', bei 40° = 8,400', bei 50° = 6,000', bei 70° = 1,200', bei 75° fällt sie mit der Erdoberfläche zusammen. Auf der südlichen Halbkugel ist sie niedriger, wie überhaupt die Temperatur im Vergleich mit gleichen Parallelen der nördlichen Halbkugel. Man hat darnach den Raum von der Meeresfläche bis zur Schneegrenze in 8 Pflanzenregionen eingetheilt. 1. Region der Palmen und Bananen, 0—1900', Temperatur 27—30° C., entspricht der Aequatorialzone; 2. Region der baumartigen Farren und Feigen, bis 3,800', Temperatur 23,5° entspricht der trop. Zone; 3. Region der Myrten und Lorbeeren, bis 5,700', Temp. 20,5°, entspr. der subtrop. Zone; 4. Region der immergrünen Laubhölzer, bis 7,600', Temp. 17°, wärmere temperirte Zone; 5. Region der zartblättrigen Laubhölzer, bis 9,500', Temp. 14° C., kältere temperirte Zone; 6. Region der Nadelhölzer, bis 11,400', Temp. 11°, entspr. der subarctischen Zone; 7. Region der Alpensträucher, bis 13,300', Temperat. 7° C., arctische Zone; 8. Region der Alpenkräuter, bis 15,200', Temp. 3—4°, entspr. der Polarzone.

Vertheilung der Pflanzen in Europa.

§. 81. Mit Rücksicht auf die characterisirenden Pflanzenformen lassen sich in Europa 3 Hauptfloren unterscheiden:

1. Die mittelländische Flora: grüne Wiesen selten, viele Laubbäume grünen das ganze Jahr; mehrere tropische Familien kommen zum Vorschein. Bis 46° N. Pinie, Buchsbaum, Lorbeer, Cypresse, Myrthe, Oelbaum, Feigenbaum, Granatbaum, Melonen, Reis, Baumwolle; bis 44° Korkbaum und Kermeseiche; bis 43° Citrone, Orange, Apfelsine, Johannisbrodbaum; bis 40° Dattelpalme, Zwergpalme, Pisang, Zuckerrohr, spanisches Rohr, Papyrus und Aloe.

2. Die mittel-europäische Flora, umfaßt Europa von 46 bis 66° N. Sie hat bis 65° in Schweden den Ahorn, in den Alpen bis 4,200', am häufigsten aber im südöstlichen Europa; bis 62° in Finnland die Eiche, die größten Eichenwälder jedoch im nördlichen Deutschland; bis 61° die Linde, in Rußland große Wälder bildend; die Erle und Ulme bis 60°, die Buche bis 59° in Norwegen, in Lithauen bis 55°, in den Karpathen bis 50°, dann erst wieder in den Gebirgen der Krimm; am kräftigsten wird sie in Dänemark und an der Ostsee bis zur Weichsel. Von Fruchtbäumen: Pflaume und Kirsche bis 63° in Schweden, bis 60° in Rußland; Apfel und Birne bis 55°; Wallnuß, Kastanie, Mandel, Maulbeere bis 50°. Von Gartengewächsen gedeiht bis 65° Gurke, 62° Erbse, 60° Kürbiß, 52° Wassermelone; von Getreidearten: Roggen im nördlichen Theile Mittel-Europa's, bis 65° in Norwegen, 57° in Rußland; Buchweizen nur bis 60°; Weizen vorzüglich von 50° südwärts, jedoch noch in Schweden bis 64°; Mays bis gegen 49°, am häufigsten an den Küsten des Mittelmeeres. —

Lein, Hanf, Hopfen bis 64°, Taback bis 60°, am meisten von 55° südwärts; Wein in der Regel nicht über 50°.

3. Die alpinisch-arctische Flora umfaßt das nördliche Europa über 66° und die höheren Gebirgstheile des mittleren und südlichen Europa. Obwohl sie meist nur Flechten und Moose ernährt, so kommen doch einige der zweiten Flora angehörige Pflanzen noch über dem Polarkreise vor. So bis 70° die Birke, mehrere Weidenarten, Eberesche, Traubenkirsche, Wachholder, Johannisbeerstrauch; am Nordcap und nahe an den Gletschern reift die Erdbeere; bis 70° die Kartoffel, und selbst Hafer und Gerste kommen manchmal bis dahin und in einer Höhe bis 3,300' vor. Die Tanne und Kiefer, die am häufigsten, besonders in Irland, Norwegen und Schweden bis zu einer Höhe von 2,800 Fuß, in den Alpen und Karpathen bis 5000 und 6000' die Bergesabhänge bedecken, dringen auch bis 67° vor. Haidekraut bildet im Norden dichtes Gestrüpp; Alpenrosen und Steinbrecharten schmücken die höheren Gebirge.

2. Geschichte des Pflanzenreiches.

Urgeschichte des Pflanzenreiches.

§. 82. In unberechnenbarer Zeit beginnend geht die Urgeschichte des Pflanzenreiches bis zum Erscheinen des Menschengeschlechtes, und zerfällt in 3 Bildungsepochen, die Uebergangsperiode, wo zuerst organische Wesen auftreten, die secundäre oder Flötzperiode, und die tertiäre Periode. Die Vegetation der einzelnen Zeiten ist nur bruchstückweise aus den mehr oder minder vollständigen Resten zu erkennen. In den ältesten Schichten finden sich nur Algen, als Beweis, daß die Erde damals wohl kaum schon aus dem Wasser hervorgetreten war. Bei der gleichmäßigeren Temperatur des Wassers konnte die von der unseren sehr verschiedene Lufttemperatur weniger einwirken; sie zeigen sich daher den Algen der Jetztzeit sehr ähnlich, wenn auch nicht gleich. In den, mit dem Hervortreten von Inseln erscheinenden Landpflanzen zeigt sich der Hauptcharakter der Vegetation wesentlich von den späteren Floren und von denen der Jetztwelt verschieden, in Folge der früher sehr großen, allmälig aber verminderten allgemeinen Erdwärme; doch gehen die einzelnen Perioden in einander über. Riesige Farren, Palmen und Schachtelhalme, sowie viele spurlos verschwundene Familien, setzen die ungeheuren Steinkohlenlager zusammen. Die Vegetation entspricht dem Pflanzenwuchse unserer tropischen Inseln, nur viel colossaler durch den größeren Kohlensäuregehalt der Luft und die viel höhere Wärme. In späteren Schichten (im Juragebirge) kommen Liliaceen, Cycadeen, Coniferen und die vorigen Formen vor, sämmtlich schon weit weniger colossal. Im Tertiär-Gebirge treten die Braunkohlen auf, die theils aus vorweltlichen Torflagern, theils aus mächtigen Anhäufungen von Treibholz (wie noch jetzt ähnlich am Ausfluß des Missisippi) entstanden sind. In beiden Fällen wurde die Pflanzenfaser durch die erfolgte Bedeckung mit mineralischen Substanzen, durch Durchdringung mit Wasser unter Abschluß der Luft, in Kohlenstoff verwandelt (dabei Kohlensäure, Wasser und Kohlenwasserstoffgas entbunden). Coniferen, Cycadeen und Amentaceen bilden hauptsächlich die Braunkohlenlager, und gingen theils mit ihrer Entstehung unter, während ein Theil jener Flora, wenn auch unter bedeutend modificirtem Habitus in unsere Periode übertragen wurde.

Zeitgeschichte des Pflanzenreiches.

§. 83. Einwirkungen der Naturkräfte, der Thierwelt und vor Allem die Hand des Menschen haben auch seit dem Eintritt der neuesten geologischen Periode auffallende Veränderungen des ursprünglichen Zustandes der Vegetation herbeigeführt. Wenn gleich der allgemeine Charakter durchaus unverändert geblieben ist, so wurde doch durch Einführung neuer Culturpflanzen aus anderen Gegenden und Vertilgung einheimischer, die Physiognomie einzelner Gegenden wesentlich verändert. (Das rauhe unwirthliche Deutschland des Tacitus, verglichen mit dem jetzigen, — die herrlichen Gegenden der alten Peloponnesos und deren jetziger dürrer Zustand, wo von Oelbaumwäldern nicht mehr die Rede ist und Ziegen in den Gebirgen kaum kümmerliche Nahrung finden). Durch den Anbau und die Verpflanzung der Gewächse in anderen Boden oder andere Länder hat man eine Menge von Abänderungen, theils in der Form, theils in der Zeit der Blüthe und Fruchtreife erhalten. Immer aber kehren diese, sich selbst überlassen, nach längerer oder kürzerer Zeit in die Urform zurück, so daß also eine Vermehrung der Anzahl der Pflanzen in der Neuzeit nicht anzunehmen ist. Die Anzahl der Culturgewächse ist zwar sehr mannigfaltig und ihre Verbreitung sehr beträchtlich, doch scheint einem jeden Volke eines oder das andere derselben vorzugsweise zu Theil geworden zu sein, mit welchem es auch seine Entwickelungsgeschichte durchgemacht hat, und dessen Eigenthümlichkeit nicht ohne bemerkbaren Einfluß auf den Gang derselben geblieben ist. So gehören den Oceaniten Brodfrucht und Cocos, dem Malayen Gewürze, dem südamerikanischen Autochthonen Mays, Kartoffel, das mehlreiche Quinoa, den Nord-Afrikanern die Dattel, dem Araber der Kaffe, dem Hindu der Reis, Zuckerrohr, Baumwolle, dem Chinesen der Thee, dem Süd-Europäer der Oelbaum, uns die Cerealien, den Bewohnern des nördlichsten Europa das Rennthiermoos.

Zweiter Theil.

Systemkunde.

Einleitung.

§. 84. Nachdem sich die Zahl der bekannten Gewächse im Laufe der Zeit so gehäuft hatte, daß es unmöglich war sie einzeln zu übersehen*), trat das Bedürfniß ein, dieselben zu ordnen, indem man sie nach allgemeinen und besonderen Kennzeichen in größere und kleinere Abtheilungen brachte. Eine Vereinigung von Individuen, die in ihren meisten Merkmalen übereinstimmen, ohne jedoch vollkommen gleich zu sein, bildet eine Art, species z. B. Aurikel. (Begriff der Abarten, Unterarten, Ausartungen, Bastardpflanzen.) Mehrere unter sich ähnliche, vorzüglich in der Blüthen- und Fruchtbildung übereinstimmende Arten bilden eine Gattung, genus: Aurikel und Primel bilden das genus Primula. Alle Gattungen, die in den wesentlichsten Vegetatians- und Fructificationsorganen ähnlich sind, vereinigt man zu einer Familie, familia: Primula, Lysimachia, Anagallis u. s. w. bilden die Primulaceae.

§. 85. Je nachdem man im Systeme (so nennt man eine ordnungsmäßige Zusammenstellung der Gewächse) die Pflanzen nach einzelnen Merkmalen oder nach der ganzen Organisation classificirte, entstand ein künstliches oder natürliches System. Von allen künstlichen Systemen ist das wichtigste das von Linné**) 1737 im hortus Cliffortianus und der Flora lapponica, von den natürlichen, das von Jussieu***) (genera plantarum secundum ordines naturales disposita) 1789 publicirte. Beide sind von vielen nachmals verändert, verbessert und verschlechtert worden, im Grunde aber liegt allen das eine oder andere zu Grunde, nur daß die einzelnen Abtheilungen verschiedene Namen nach anderen Merkmalen erhalten haben.

Das Linnéische System.

§. 86. Linné nahm beim Entwurfe seines Systems vorzüglich auf die Blüthe, namentlich auf die Fructificationsorgane Rücksicht und

---

*) Die Griechen, Römer und Araber erwähnen zusammen kaum 1400 und zählen sie ohne Ordnung auf oder nach Nutzen und Schaden, Linné kannte 8000. Nach ihm vergrößerte sich die Zahl von Tage zu Tage; jetzt kennt man 80,000 Arten.

**) Carl v. Linné, geb. zu Råshult in Sewland 1707, ward 1739 Präsident der Stockholmer Academie der Wissenschaften, 1741 Professor zu Upsala, stirbt 1778.

***) Antoine Laurent de Jussieu, geboren zu Lyon 1748, gestorben zu Paris 1836.

theilte sämmtliche Pflanzen je nach den sichtbaren, oder (nach seiner Ansicht) unsichtbaren Blüthen in Phanerogamen und Kryptogamen; die ersteren nach Zwitter- oder eingeschlechtigen Blumen, nach Anzahl, Befestigung, Längenverhältniß und Verwachsung der Staubfäden in 23 Classen, denen sich die Kryptogamen als 24. Classe anschlossen.

Schlüssel zum Linnéischen Systeme.

Classen

- Pflanzen mit
  - sichtbaren Geschlechtsorganen
    - Zwitterblüthen
      - Staubgefäße vom Fruchtknoten getrennt
        - freie . . . .
          - Längenverhältniß unbestimmt
            - Zahl . . . .
              - 1. Monandria
              - 2. Diandria
              - 3. Triandria
              - 4. Tetrandria
              - 5. Pentandria
              - 6. Hexandria
              - 7. Heptandria
              - 8. Octandria
              - 9. Enneandria
              - 10. Decandria
              - 11. Dodecandria
            - Zahl u. Befestigung
              - 12. Icosandria
              - 13. Polyandria
          - Längenverhältniß bestimmt
            - 14. Didynamia
            - 15. Tetradynamia
        - verwachsene
          - an den Staubfäden in 1, 2, viele Bündel
            - 16. Monadelphia
            - 17. Diadelphia
            - 18. Polyadelphia
          - an den Staubbeuteln in eine Röhre
            - 19. Syngenesia
      - Staubgefäße mit dem Fruchtknoten verwachsen . . 20. Gynandria
    - eingeschlechtige Blüthen
      - ♂ und ♀ auf einem Stamm . . . . . 21. Monoecia
      - ♂ und ♀ auf zwei Stämmen . . . . 22. Dioecia
      - ☿ und ♂ auf einem, ☿ und ♀ auf einem andern Stamm 23. Polygamia
  - verborgenen Geschlechtsorganen . . . . 24. Cryptogamia

Ordnungen des Linnéischen Systemes.

§. 87. Jede der 24 angegebenen Classen wird nun in verschiedene Ordnungen eingetheilt, und zwar zerfallen:

Cl. 1—13 nach der Zahl der Stempel, in ein-, zwei-, drei- bis vielweibige, Monogynia, Di-, Tri-, Tetra-, Penta-, Hexa-, Hepta-, Deca-, Dodeca-, Polygynia (acht- und neunweibige fehlen).

Cl. 14 nach der Beschaffenheit der Stempel in Gymnospermia, Nacktsamige und Angiospermia, Bedecktsamige.

Cl. 15 nach der relativen Größe der Stempel in Siliculosa, Schötchentragende und Siliquosa, Schotentragende.

Cl. 16—18 nach der Anzahl der Staubgefäße, in zwei- bis vielmännige, Diandria bis Polyandria, ganz nach der Norm der 13 ersten Classen.

Cl. 19 nach dem Geschlecht der Blumen in: Polygamia aequalis, alle Blüthen zwitterig; Pol. superflua, fruchtbare Zwitterblüthen in der Scheibe, fruchtbare weibliche am Rande; Pol. frustranea, fruchtbare Zwitterblüthen in der Scheibe, unfruchtbare weibliche oder geschlechtslose am Rande; Pol. necessaria, unfruchtbare Zwitter- oder männliche Blüthen in der Scheibe, fruchtbare weibliche am Rande; Pol. segregata, alle Blüthen zwitterig, jede mit einer besonderen Hülle; Monogamia, nach dem Geschlecht der einzeln oder in einem gewöhnlichen Kopfe stehenden Blüthen, die zwitterig oder vielehig sein können.

Cl. 20 nach Anzahl der Staubgefäße in Mon-, Di-, Tri-, Hexandria, ein-, zwei-, drei- und sechsmännige.

Cl. 21 und 22 nach Zahl, Stand und Verwachsung der Staubgefäße in Monandria bis Polyandria, Monadelphia bis Polyadelphia und Syngenesia.

Cl. 23 nach dem Vorkommen verschiedengeschlechtiger Blüthen auf einer oder verschiedenen Pflanzen in: Monoecia, Zwitter- und eingeschlechtige Pflanzen auf einer Pflanze, Dioecia, ebenso auf 2 Pflanzen, Trioecia, Zwitter-, männliche und weibliche Blüthen auf 3 Pflanzen.

Cl. 24 nach der natürlichen Verwandtschaft in Filices, Musci, Algae, Fungi.

Mängel des Linnéischen Systemes.

§. 88. Die mancherlei Mängel des künstlichen Systemes, wozu namentlich die vielen Abweichungen und Ausnahmen von den Regeln der Classen- und Ordnungsbestimmungen gehören, die das Aufsuchen vieler Pflanzen ungemein erschweren, wenn nicht gar unmöglich machten, veranlaßten frühzeitig die Botaniker zu Veränderungen desselben, die bald in einer Vermehrung oder Verminderung der Classen oder Ordnungen, bald in Stellungsveränderungen einzelner Pflanzen, Trennung linnéischer Gattungen in mehrere neue u. s. w. bestanden. Trotz aller Mängel wird es immer das leichteste Mittel bleiben, die Pflanzen kennen und unterscheiden zu lernen, zumal wenn Ausnahmen, wie Linné selbst that, immer am gehörigen Orte angezeigt werden.

Das natürliche System von Jussieu.

§. 89. Schon Linné erkannte die Wichtigkeit der natürlichen Verwandtschaften und stellte die Pflanzen in 68 ziemlich natürlichen Familien zusammen, ohne jedoch feste Principien zur Bildung der natürlichen Familien zu geben. Andere Botaniker vervollständigten seine Familien, ohne sonderlichen Anklang mit ihren Verbesserungen zu finden, bis endlich A. C. v. Jussieu die natürlichen Familien in 3 Hauptabtheilungen: Acotyledonen, Monocotyledonen und Dicotyledonen nach der Anzahl der Samenlappen des Embryo eintheilte. Die Unterabtheilungen der Monocotyledonen bildete er nach der verschiedenen Stellung der Staubgefäße gegen den Fruchtknoten, je nachdem sie unter, um oder über denselben eingefugt sind. Bei den Dicotyledonen machte er erst drei Abtheilungen: Apetalen (einfache Blumenhülle), Monopetalen (verwachsenblättrige Krone), Polypetalen (freiblättrige Krone). Jede der drei Abtheilungen wurde wieder nach der Insertion der Staubgefäße (wie bei den Monocotyledonen) in 3 kleinere Gruppen getrennt, endlich sonderte er die diclinischen Pflanzen von den übrigen ab. Er erhielt dadurch 15 Classen, in die er seine 100 Familien ziemlich gleichmäßig (mit Ausnahme der viel größeren Classen Hypocorollia, Hypopetalia und Peripetalia) vertheilte.

Schlüssel zum Jussieuischen Systeme.

Pflanzen, deren	Embryo fehlt						1. Acotyledonia
	Embryo vorhanden	Monocotyledonen			hypogynische Staubgefäße		2. Monohypogynia
					perigynische Staubgefäße		3. Monoperigynia
					epigynische Staubgefäße		4. Monoepigynia
		Dicotyledonen	Blüthen mit getrenntem Geschlecht				5. Diclinia
			Zwitterblüthen	Blumenkrone fehlt: Apetala	epigynische Staubgefäße		6. Epistaminia
					perigynische Staubgefäße		7. Peristaminia
					hypogynische Staubgefäße		8. Hypostaminia
				Blumenkrone verwachsenblättrig Monopetala	hypogynische Krone		9. Hypocorollia
					perigynische Krone		10. Pericorollia
					epigynische Krone	Antheren verwachsen	11. Synantheria
						Antheren frei	12. Corisantheria
				Blumenkr. getrennt-blättrig Polypetala	epigynische Staubgefäße		13. Epipetalia
					hypogynische Staubgefäße		14. Hypopetalia
					perigynische Staubgefäße		15. Peripetalia

Beschreibung
der wichtigsten Pflanzenfamilien nach ihren Merkmalen, Verwandtschaften, Eigenschaften und geographischen Grenzen.

Erste Abtheilung.
Kryptogamische oder acotyledonische Familien.

Gewächse ohne Geschlechtsorgane, folglich ohne wahre Blüthen und Samen. Ihre Fortpflanzung geschieht durch Keimkörner (sporulae), welche entweder frei in der Substanz der Pflanze liegen, oder in eigenen Behältnissen (sporangia) eingeschlossen sind. Sie bestehen, mit Ausnahme der Farrenkräuter, welche Spiralgefäße haben, bloß aus Zellgewebe.

1. Fam. Algae, Algen. Endl. 1—7.*)

Eine der größten Familien, über den ganzen Erdkreis verbreitet, selbst an den Polen als rother Schnee der Polarländer (Haematococcus nivalis, Blutkorn), im süßen wie im salzigen Wasser. Bald krystallförmige, von graden Linien begrenzte zerbrechliche Körperchen, deren Panzer aus Kieselsäure bestehen und die selbstständige Bewegung zu haben scheinen: Diatomeae, Glasalgen; bald einfache in Schleim liegende Bläschen oder haarförmige, gegliederte, einfache oder verästelte, meist grüne Fäden: Confervaceae, Wasserfäden; bald wurzelnde, von Kalk inkrustirte, untergetauchte Pflanzen, mit wirtelförmigen Aesten: Characeae, Armleuchter, oder häutige, gleichförmig zellige, grüne, selten purpurfarbene Lappen: Ulvaceae, Schlauchfäden. Manche häutig oder lederartig berindet, nervig, flächen- oder fadenförmig, braun oder purpurfarben, mit schildförmiger Haftwurzel: Fucaceae und Florideae, Seetange. — Die Fortpflanzung wird bei den Diatomeen durch Theilung bewirkt; bei allen übrigen entweder durch Anschwellen eines, oft scheinbar beliebigen Gliedes, welches sich dann als Samen trennt, und zur neuen Pflanze auswächst, oder durch Bildung von Keimkörnern in eigenen Behältern.

Die Diatomeen, von Ehrenberg und Kützing vorzüglich in die Wissenschaft eingeführt, und von ersterem wohl mit Recht den Thieren beigezählt, sind zwar technisch ohne Anwendung, tragen aber durch Bildung

---

*) Die ausgewählten Familien sind mit wenigen Ausnahmen in der von Endlicher genera plantarum angegebenen Reihenfolge aufgeführt.

des Kieselguhr, vieler Hornsteine, Feuersteine und des Polirschiefers wesentlich zur Bildung und Umbildung der Erde bei. Ein Kubikfuß Polirschiefer von Bilin enthält 70 Billionen Schalen von Diatomeen. Confervaceen bilden den grünen Schlamm an Brunnentrögen und feuchten Mauern, die auf dem Wasser unserer Feuertienen schwimmenden Massen, die der Unkundige mit dem Ausdrucke: „das Wasser blüht" bezeichnet. Sie sind ohne technischen Nutzen. Die Florideen, namentlich zwischen 35 und 48" N., von da gegen Pol und Aequator abnehmend, enthalten viel Carrachen oder Carragheen, eine Art Stärkemehl als wesentlichen Bestandtheil, sind dadurch Nahrungsmittel (Sphaerococcus, Knopftang) oder Heilmittel (Helminthochortos, Laurencia, Wurmmoos), bilden die Substanz der eßbaren Schwalbennester der Salanganen. Die Fucaceen, in Meeren aller Zonen, sind gallertartig und durch ihren Gehalt an Schleimzucker (Laminaria, Riementang, Sargassum, Beerentang) bald Leckerbissen, bald fast einziges Nahrungsmittel antarctischer Stämme, oder durch ihren Gehalt an Jodnatrium wichtig zur Darstellung dieses Präparates aus ihren Aschen Kelp und Varec.

2. Fam. Lichenes, Flechten. Endl. 8—11.

Perennirende, unsymmetrische, aus verschiedenartigen Zellen lose zusammengesetzte Luftpflanzen, mit Markschicht und Rindenschicht. Die Grundlage (thallus) pulverförmig, krusten- oder blattartig; die Früchte napfförmige Behälter (scutella, Schüsselchen), deren längliche Zellen (asci, Schläuche) in sich Keimkörner ausbilden.

Oft kaum von den Algen zu unterscheiden, außer durch ihren Stand, leben sie auf Erde, Steinen, lebenden und abgestorbenen, niemals aber faulenden Pflanzentheilen; einzelne ohne Unterschied auf Erde und Pflanzen, andre entweder auf Steinen oder auf Pflanzen; am liebsten auf der Nord- und Westseite. (Orientirung in Wäldern nach dem Standort der Flechten.) Vom Aequator bis zu den Polen, vom Felsen am Meere bis zum ewigen Schnee der Gebirge, wo sie durch ihre Häufigkeit den Typus der Floren bilden. Sie sind die ersten Pflanzen, welche die kahlen Felsen neu entstandener Inseln in der Mitte des Oceanes bekleiden, wie sie es auch sind, die das malerische Ansehn alter Zäune und Planken wesentlich bedingen. Eine Art Mehl (Lichenin), Bitterstoff und Farbstoff geben ihnen als stärkendes Nahrungsmittel und Heilmittel (Cetraria islandica, isländisches Moos oder Lungenmoos) oder als Farbmaterial (Roccella tinctoria, Variolaria orcina, Lakmusflechte und mehrere Arten von Schüsselflechte, Parmelia) zur Darstellung von Orseille, Persio und Lakmus eine nicht zu übersehende Wichtigkeit. Cladonia rangiferina, das Rennthiermoos. Bei uns kommen etwa 160 Arten vor.

3. Fam. Fungi, Pilze. Endl. 12—16.

Saftreiche, verschieden, aber sehr selten grün gefärbte Gewächse von kurzer, oft nur eintägiger Dauer, wenige lederartig oder holzig und perennirend.

Sie entstehen bei gedämpftem Licht oder im Dunkeln in leichtem, feuchtem Boden oder auf sich zersetzenden pflanzlichen oder thierischen Theilen (also Wirkung verschiedener Krankheiten nicht Ursache), namentlich im Herbste mit ungeheurer Schnelligkeit. Das merkwürdig bestimmte Auftreten gewisser Formen auf ganz bestimmten Stoffen (Onygena equina, Hornstäubling, nur auf faulenden Pferdehufen, On. corvina ebenso auf Rabenfedern, Champignon auf Mistbeeten mit Pferdedünger erzeugbar) haben Veranlassung zu der Ansicht gegeben, daß wenigstens viele von ihnen durch Urzeugung entstehen. Sie nähren sich von den zersetzten Stoffen, pflanzen sich durch sehr zahlreiche Keimkörner (man will an manchen Arten bis 10 Millionen derselben berechnet haben), die frei in der Masse liegen, oder meist in häutige Behälter eingeschlossen sind, fort. Meist in gemäßigten oder heißen Ländern. Sie zerfallen in mehrere Unterfamilien:

1. Gymnomycetes, Rostpilze oder Staubpilze, nackte Sporidien unter der Oberhaut von Pflanzen, entstehen durch Feuchtigkeit, Kälte, Mangel an Luft.

Es sind dies die Krankheitsorganismen, die unter den Namen Rost, Brand, Mutterkorn die Erndte schmälern oder vernichten können: Uredo Robigo, Rost, Uredo linearis, Strichbrand, Ur. sitophila, Schmierbrand, Ustilago segetum, Flugbrand oder Rußbrand, nicht im Roggen, Ust. Maydis, Rußbrand im Mays, Spermoedia Clavus, Mutterkorn.

2. Hyphomycetes, Schimmelpilze, einfache Sporidien in oder auf nackten Fäden, entwickeln sich auf organischen Stoffen, die durch Feuchtigkeit in schleimige Zersetzung übergehen. Zart, klein, vergänglich.

Mit Ausnahme des Mucor, Schimmel, der auf mehligen Substanzen, Käse, getrocknetem Fleische entsteht, unwichtig.

3. Gasteromycetes, Bauchpilze, schwammartige Gewächse von wunderbarer Mannigfaltigkeit der Gestalt, Größe und Farbe, auf oder unter der Erde. Die einfachen Sporidien an Fäden befestigt, die aus der Wand einer Sporenhülle entspringen.

Erysiphe, Mehlthau, weißer Ueberzug auf Blättern, wird den Pflanzen oft gefährlich. Das Zuckerrohr auf Madeira dadurch vernichtet. Tuber melanospermum, gemeine Trüffel, im südlichen und mittleren Europa unter der Erde, durch abgerichtete Hunde und Schweine gesucht und als Leckerbissen verspeist, steht aber der Tuber niveum, im Sande Nord-Africas bei weitem nach, die die Römer nach Plinius von dorther als einen der größten Leckerbissen erhielten.

4. Hymenomycetes, Hautpilze. Pilze von kugliger, keulenförmiger, ästiger, muschelartiger, sonnenschirmartiger Gestalt, mit oder ohne Stiel, fleischig oder korkartig, entstehen aus faulenden Stoffen. Auf der Oberfläche ist eine von ihrer Unterlage verschiedene, fruchttragende Schicht (hymenium), auf der die Sporidien frei oder in Schläuchen sitzen. Vollkommenste Pilze.

Deutschland über 1500 Arten, worunter Agaricus mit 530. Sie sind ausgezeichnet durch ihren Stickstoffgehalt, und verderben dadurch, wie durch ihr Ausathmen von Kohlensäure die Luft. Oft übelriechend und giftig durch harzige, scharfe oder saure Bestandtheile; Manche durch großen Eiweißgehalt sehr nahrhaft, aber schwer verdaulich. Die milden, gewürzhaft oder nach Knoblauch riechenden sind eßbar, die bittern und scharfen giftig oder verdächtig; sichere Kennzeichen fehlen. Vergiftungen sind häufig. Magenschmerzen, Ekel, Erbrechen, Purgiren, Schwindel, Betäubung (tritt oft nicht ein), endlich nach 12—48 Stunden Tod. — Brechmittel und Laxirmittel, später (aber ja nicht gleich zu Anfang) Essig. Bei schon eingetretener Entzündung schleimige Mittel, Blutentziehung, bei Betäubung schwarzer Kaffe. Eßbar sind unter andern: Clavaria, der Ziegenbart, Helvella esculenta, die Steinmorchel, Morchella esculenta, die gemeine Morchel, mehrere Arten von Polyporus, Löcherpilz, Boletus, Röhrenpilz, Agaricus, Blätterpilz, Cantharellus cibarius, Pfifferling. Giftig sind einige Arten von Boletus, Cantharellus, Agaricus, vor Allem Ag. muscarius, Fliegenpilz, der aber den Kamtschadalen ein berauschendes Getränk, sogar eine berauschende Speise liefert. — Merulius lacrymans und Polyporus destructor zerstören als Hausschwamm das Holzwerk feuchter Wohnungen mit großer Schnelligkeit. Polyporus fomentarius, mit Asche gekocht, getrocknet, geklopft liefert Feuerschwamm.

4. Fam. Musci, Moose. Endl. 22—24.

Blättertragende, meist ausdauernde kleine Pflanzen mit Haarwurzeln; die Blättchen sitzend mit 1—2 Rippen von gestreckten Zellen, ohne Gefäße. Zweierlei Fructificationsorgane: die einen (Antheridien) in der Achsel der Blätter oder an der Spitze der Pflanze, wo dann die Blätter rosettenartig zusammentreten, sind keulenförmige Körper, mit Fäden zur Seite; die anderen bestehen aus einer Kalyptra oder Mütze, die in einer gleichen Rosette sitzt, zerreißt, und nun auf einer Borste (seta) eine Kapsel (theca) trägt (oft vom Reste der calyptra gekrönt), die mit einem Deckelchen (operculum) aufspringt und im Innern zahlreiche Sporen trägt. Der Rand der theca nackt oder gezähnt.

Ohne besondere chemische Eigenschaften; verwendet zum Ausstopfen u. s. w. In der Natur nützlich, indem sie hygroskopisch das Austrocknen der Unterlagen verhindern, und diese gegen Kälte und Hitze schützen. Sphagnum, das Torfmoos, und Polytrichum, Wiederthon, tragen zur Torfbildung bei; ersteres soll in Lappland zu Brod verbacken werden. In kälteren Gegenden, oft bis zur Schneegrenze. 1500 Arten in 120 Gattungen; in Deutschland etwa 600 Arten mit 56 Gattungen.

Ihnen verwandt sind die Hepaticae, Lebermoose, Endl. 17—21, kleine, krautartige, oft parasitische Gewächse, deren Blätter ohne Rippen, oft in eine Fläche verwachsen sind. Die wichtigsten sind: Jungermannia, Jungermannie, und Marchantia, Marchantie.

5. Fam. Equisetaceae, Schachtelhalme. Endl. 25.

Scheinbar blattlose, gegliederte, krautartige Pflanzen, mit einfachen oder ästigen, hohlen, gestreiften und gefurchten Stengeln, die Luftröhren haben und viel Kieselerde in den oberen Schichten krystallinisch absetzen. Gegliederte, quirlförmige Aeste; die Blätter zu gezahnten Scheiden verwachsen. Die Aehren mit gestielten sechseckigen Schildern, unter denen sackförmige, sich nach Innen öffnende Sporangien, worin die genabelten Keimkörner auf kreuzweise liegenden, oben verdickten, sehr hygroskopischen Bändern, die angefeuchtet ausgebreitet sind, wenn sie trocken werden, sich um die Sporen spiralförmig aufrollen.

Die 24 Arten der einzigen Gattung Equisetum meist über die nördliche Halbkugel verbreitet, fehlen an den meisten Orten des Süden. Wegen der Kieselerdekrystalle zum Poliren von Holz und weichen Metallen benutzt. In der Vorwelt spielten die hierher gehörigen riesigen Calamiten der Steinkohlenformation eine wichtige Rolle.

6. Fam. Filices, Farrenkräuter. Endl. 26—32.

Kräuter oder Sträucher mit unterirdischem vieläftigen Rhizom, in den Tropen oft kleine, bis 20 Fuß hohe, palmenähnliche, höchst zierliche Bäume, deren schuppiger Stamm auch nur durch das über die Erde emporgehobene Rhizom gebildet wird. Selten einfache, meist verschieden und sehr nett getheilte, vor der Entwickelung spiralig aufgerollte Blätter (Wedel, frons), auf deren Rückseite oder Rande sich die verschieden gruppirten, sitzenden oder gestielten Sporangien, unter, oder ohne eine bedeckende Haut (Schleier, indusium) befinden, in denen die rundlichen oder eckigen Keimkörner liegen. Die Sporangien, meist mit einem senkrechten, oder schief aufgesetzten, querscheidewandigen Ringe versehen, der elastisch aufspringt; zwischen ihnen gegliederte, keulenförmige Fäden (Antheridien). Gefäßbündel ausgebildet; Holzkörper nicht zusammenhängend, sondern eine netzförmige Röhre mit regelmäßigen Maschen bildend.

Häufig an schattigen, dunkeln Orten, die meisten und größten in warmen Ländern am Meeresufer, besonders der Inseln (auf Helena $^2/_3$, auf Jamaica $^1/_9$ aller Pflanzen, bei uns $^1/_{65}$ der Gefäßpflanzen). Sie zerfallen in viele Unterfamilien nach Stellung und Bau der Sporangien, von denen nur die Polypodiaceae wichtig sind, Ophioglosseae und Osmundaceae aber bei uns auch vorkommen. 1800 Arten in etwa 75 Gattungen.

Die Eigenschaften derselben sehr ähnlich. Der Stamm enthält Stärkemehl und Gummi, bei manchen Wachsfett, Schleimzucker und Manna, einige Gerbstoff, viele in der Asche kohlensaures Kali. Benutzt wird das Kraut vom Wurmfarren, Aspidium fragrans, bei den Mongolen als Thee (Serlick); von Ceratopteris thalictroides im tropischen Asien als Gemüse; ebenso Pteris aquilina, Adlerfarren, in Rußland zur Zeit der Noth; der Wurzelstock von Cyathea medullaris in Neuholland geröstet, Leckerbissen; von Pteris esculenta, Saumfarren, auf den Südseeinseln gebaut, unter dem Namen „Narre" gegessen. Wurzel und Kraut mehrerer zum Gerben, deren Asche als Seife und zur Glasfabrication; verschiedene wegen ihrer gelinde adstringirenden oft etwas aromatischen Stoffe in der Medicin verschiedener Völker benutzt. Die Wurzel von Aspidium Filis mas, Wurmfarren, Johanniswurzel, jetzt wichtig als Mittel gegen Bandwurm, früher berühmt als Alraunmännchen. Die wichtigsten bei uns vorkommenden Gattungen sind: Polypodium, Engelsüß, Aspidium, Schildfarren, Asplenium, Streifenfarren, Pteris, Saumfarren, Blechnum, Rippenfarren, Ophioglossum, Natternzunge, Botrychium, Mondraute, Osmunda, Traubenfarren. Der Wichtigkeit der Farrenkräuter in der Steinkohlenformation wurde schon §. 82. gedacht.

An die Farrenkräuter reihen sich die kleinen im Wasser wachsenden Wasserfarren, Salviniaceae und Marsiliaceae, mit gestielten Sporangien an der Basis der Blätter, mit den Gattungen Salvinia, Salvinie, und Pilularia, Pillenkraut, so wie die ästigen, mit spitzen einfachen Blättern besetzten, den Moosen nicht unähnlichen Bärlappkräuter, Lycopodiaceae (Lycopodium, Bärlapp), welche einfache, zweiklappige Kapseln mit Keimkörnern in Aehren zusammen gedrängt, oder seltener in den Blattwinkeln haben. Ihre Sporen liefern Bärlappsamen oder Hexenmehl, das gewöhnliche Streupulver. Die Lepidodendreae sind riesige Formen derselben in den Steinkohlen.

Zweite Abtheilung.

Monocotyledonische oder einsamenlappige Familien.

Phanerogamische Gewächse mit wahren Blüthen und Samen. Die Wurzel ist eine Nebenwurzel oder Büschelwurzel, zuweilen Knollen tragend oder eine Zwiebel, oder ein horizontaler Wurzelstock. Stengel einfach, selten ästig, ohne die characteristische Rinde der Dicotyledonen; Holzgefäße und Markzellen gewöhnlich darin vermischt. Die parallelnervigen, fingernervigen, selten netzaderigen Blätter meist am Grunde in eine Scheide erweitert, welche den Stengel umfaßt. Die Zahl der Kelchblätter (wenn dieser vorhanden ist), Staubgefäße und Griffel ist gewöhnlich drei, oder ein Mehrfaches davon (3, 6, 9, 12) selten durch Fehlschlagen 1, 2, 4, 5, 8. Die Blumenkrone fehlt: häufig aber sind alle, oder nur die innere Reihe der Kelchblätter blumenartig gefärbt. Der Embryo ist kegelförmig, einsamlappig und (mit Ausnahme der Najadeen und Alismaceen) eiweißhaltig.

7. Fam. Gramineae, Gräser. Endl. 42.

Krautartige, selten hohe, holzige Pflanzen, deren Stengel (Halm, culmus) knotig, einfach, selten ästig, meist hohl ist, mit glatter, durch Kieselerde-Ablagerungen harter Oberfläche, häufig ein zum Theil unterirdischer, kriechender Wurzelstock. Blätter an den Knoten sitzend, flach oder gekielt, lineal, oder (in den Tropen) verbreitert und dann mit einem Blattstiele. Immer eine Blattscheide (vagina), die den Stengel umfaßt, ohne verwachsen zu sein, und unterhalb der Blattfläche mit einem vorstehenden gewimperten Häutchen (ligula) versehen ist. Blüthenstand mannigfaltig, aus zweizeiligen Aehrchen zusammengesetzt, einfach, rispenartig oder traubig. — Blüthen zwitterig, selten monöcistisch oder polygamisch. Jedes Aehrchen (spicula) hat am Grunde 1 bis 2 leere unfruchtbare Blüthenscheiden (spatha bei den Irideen, hier Bälge, glumae genannt), welche gekielt und meist ziemlich groß sind. In deren Achse sitzen nun zweiseitig die Blüthchen einzeln, zu zwei oder zu mehreren und zwar entweder alle fruchtbar, oder eines oder mehrere unfruchtbar. Jedes Blüthchen besteht aus 4 Kreisen. Den ersten bilden 2 gegenüber und übereinander gestellte Schuppen (palea inferior und superior, obere und untere Kelchspelze) von denen die untere gekielt, oft mit einer Granne (arista) versehen, ein- oder mehrnervig ist, die innere und obere dagegen kleiner, selten gegrannt, mehrnervig. Der zweite Kreis, oft fehlend, oft übersehen, wird durch zwei kleine, fleischige Schuppen (squamulae oder lodiculae) gebildet, welche mit den Spelzen abwechseln; es sind die verkümmerten inneren Kelchblätter, von denen sich das dritte, der Axe zugekehrte, selten oder nie ausbildet. Den dritten Kreis bilden die (2), 3, 6 und mehr Staubgefäße, mit langen haarförmigen Filamenten und langen, zweifächrigen, an den Enden gespaltenen Antheren. Der Fruchtknoten, der vierte und innerste Kreis, ist einfach, einsamig, hat an der einen Seite eine Furche, ist oben oft behaart, trägt einen oder 2 Griffel mit langen federigen Narben. Die Frucht (caryopsis) springt nicht auf, verwächst fest mit dem einen Samen und oft auch mit den Spelzen (Gerste, Hafer). Der linsenförmige Embryo liegt an der Seite des großen, mehligen Eiweißes.

Gegen 4000 Arten, $^1/_{23}$ aller Phanerogamen, durch Mehlgehalt und als Viehfutter wichtig; die Stengel der 60′ hohen Bambusa arundinacea und von Arundo Donax als Bambusrohr und spanisches Rohr zu vielen technischen Zwecken verwendet; Saccharum und Zea durch den Zuckergehalt ihres Halmes nutzbar. Mehrere officinell; Lolium temulentum, Taumellolch, wenigstens verdächtig. Meist gesellig, bilden sie in den temperirten Zonen Wiesen. Die vorzüglichsten Wiesen- und Futtergräser unserer Gegenden sind: Alopecurus pratensis, Fuchsschwanz, Phleum pratense, Lieschgras, Thimotheusgras, Anthoxanthum odoratum, Ruchgras, Holcus lanatus, Honiggras, Avena elatior, französ. Raigras, Poa pratensis und trivialis, Rispengras, Festuca pratensis, Schwingel, Briza media, Zittergras, Cynosurus cristatus, Kammgras, Lolium perenne, Lolch, englisches Raigras, Dactylis glomerata, Knäuelgras. — Sie verbreiten sich von den Polen bis zum Aequator, wo sie am üppigsten sind. — Viele von ihnen, seit undenklichen Zeiten cultivirt, daher kaum mehr wild angetroffen, liefern als Getreidearten dem größten Theile der Menschheit das tägliche Brod.

Hordeum vulgare, die Gerste, und Hord. distichon, zweizeilige

Gerste, beide mit einer großen Anzahl von Spielarten nach Größe und Gestalt der Frucht, Anbau und Wuchszeit (Wintergerste, Sommergerste). In England bis 60°, Rußland 67 — 68°, Lappland bis zum Nordkap 70°, am Obi bis 61°, in Kamtschatka bis 56° gebaut, bildet die Nordgrenze der Cerealien; darüber hinaus nur Viehzucht, Jagd und Fischfang. Sie braucht wenigstens 8 — 9½° Sommerwärme, scheut aber die Hitze, daher in den Tropen nur auf 3 bis 4000′ Höhe. Nahrungspflanze (Mehl, Stärkmehl, Gerstengraupen) bis zur Nordgrenze des Roggen, dann nur noch als Malz zum Bierbrauen benutzt, bis zur Grenze des Weinstockes, weiter südlich nur Viehfutter. England braucht jährlich 30 Millionen Scheffel zu Malz und liefert davon gegen 10 Millionen Tonnen Bier.

Secale cereale, Roggen oder Korn. (Jede Getreideart wird in den Gegenden, wo sie vorherrschendes Nahrungsmittel ist, Korn genannt; bei uns also der Roggen, weiter nördlich die Gerste, südlich der Weizen, Reis u. s. w.). In Nordamerika bis 40° und 50° N., in Skandinavien bis 67°, Rußland bis 62,5°, dann weiter östlich nur noch bis 60°, in Sibirien bis 50°. Characteristisches Getreide für das mittlere Europa, namentlich Norddeutschland, Polen, Rußland, dann Nordamerika, wenig in England. England daher die Hauptabsatzquelle für das europäische Getreide, braucht jährlich etwa 10 Millionen Berliner Scheffel, zu denen außer Nordamerika, Irland und Niederlanden, namentlich Preußen, Polen und Rußland (Danzig und Odessa Haupthäfen) beitragen.

Avena sativa, Hafer. In Schottland bis 58,5°, in Norwegen bis 65°, in Schweden bis 63,5°. Meist nur Viehfutter, in Schottland und Sauerland (Westphalen) Nahrungspflanze.

Triticum vulgare, Weizen. Unendliche Varietäten durch die Cultur. Namentlich zwischen 36° und 50° N. in Europa, und zwar in Schottland bis 50°, in Norwegen sogar bis 64°, in Petersburg bis 60¼°, im Innern Rußlands nur noch bis 51°, dann bis 48°, in Nordamerika (Canada) bis 50° N. In den Tropen auf Bergen. Bedarf wenigstens 14° Sommerwärme, verträgt aber 20 — 21° Winterkälte. Mit ihm zusammen oder an seiner Statt wird in einigen Gegenden Triticum Spelta, Spelt oder Dinkel, gebaut, der sehr weißes Mehl liefert, dessen Brod jedoch leicht austrocknet.

Oryza sativa, Reis. Nordgrenze wohl 45° N. und 23° mittlere Sommerwärme. Seit den ältesten Zeiten im südlichen Asien gebaut, und dort, wie in China, Japan, Madagaskar, Guinea, Mozambique allgemeines, an der Küste des Mittelmeeres gewöhnliches Nahrungsmittel; ebenso in Amerika, so daß Reis diejenige Nahrungspflanze ist, die die meisten Menschen ernährt. Cultur auf Feldern, die bis zur Fruchtreife unter Wasser gesetzt werden können, doch auch auf Bergen: Bergreis und Sumpfreis, in vielen Spielarten nach Größe, Farbe und Bestandtheilen des Kornes. Die enthülseten Körner nicht nur mit Wasser gekocht oder mit Dampf erweicht, für sich und ohne alle Zuthat genossen, sondern auch aus dem Mehle viele nahrhafte Speisen, namentlich sehr weißes aber trockenes Brod gewonnen. Arrak auf Malabar, Ceylon, in Goa aus dem Safte der Blüthenkolben der Cocos- und anderer Palmen, Toddy, und aus dem daraus gemachten Lontaarzucker gebrannt, eine geringere Sorte aus diesen Stoffen unter Zusatz von

Reis, ganz ordinärer, Samsu, aus bloßem Reis mit Zusatz von Syrup, Anis, Süßholz, Knoblauch u. s. w. Batavia-Arrak meist aus Reis mit wenig Toddy, hat 50 pCt., Goa-Arrak meist aus Toddy mit wenig Reis, nur 16—17 pCt. Alkohol, ist aber feiner. Außerdem noch aus einer Menge anderer Samen in Ostindien Arrak gebrannt. Der Reis von Patna in Bengal und von Carolina ist der beste, und die Ausfuhr von da am stärksten. England führt etwa 17 Millionen Pfund ein.

Panicum miliaceum, Hirse, und Holcus Sorghum, Sorgho, Mohrenhirse oder Guineakorn, sowie andre Arten von Panicum und Holcus, werden südlich vom 45° N. gebaut; allgemeines Nahrungsmittel sind sie jedoch nur im heißen Afrika.

Zea Mays, Mais, türkischer Weizen, Welschkorn, amerikanischen, vielleicht gleichzeitig auch asiatischen Ursprunges; in Amerika bis 12,000′ hoch gebaut, bildet dort Aehren von 8—12″ Länge und 5—7″ Umfang, und gewährt einen 60-, bei künstlicher Bewässerung einen 300 — 500fachen Ertrag. Nordgrenze etwa 52½° N., braucht wohl 18° Sommerwärme. Das Mehl für sich, oder mit anderem gemischt, zu Brod verbacken, liefert die Polenta der Italiäner, Puddings der Engländer. Unreife Kolben in Essig eingemacht. Der zuckerreiche Saft der Stengel liefert Syrup, gegohren guten Branntwein, ebenso die gemalzten Körner.

Saccharum officinarum, Zuckerrohr. Nirgend mehr wild, überall innerhalb der Wendekreise cultivirt, sogar in Asien bis 30° N., in Nordamerika bis 32° N. Durch Stecklinge vermehrt, vor der Blüthe im September die 18′ hohen Halme abgeschnitten, auf eigenen Mühlen zerquetscht, der ausgepreßte Saft wiederholt mit Kalk gekocht, abgeschäumt, krystallisirt, liefert gelben Rohzucker, Muskowade und braunen Syrup, Melasse. Der Rohzucker in Europa, zum Theil schon in den Colonien raffinirt, d. h. durch Kochen mit Kalk und Blut, Filtriren durch Spitzbeutel und Kohlen, Eindampfen über freiem Feuer oder besser im luftverdünnten Raume, Krystallisiren in emaillirten Eisenblechformen, wiederholtes Decken mit concentrirter Zuckerlösung (früher Thonbrei) von allen fremden Theilen, namentlich auch vom Syrup gereinigt, in Trockenstuben bei 40° C. getrocknet.

Zucker gedeiht am besten bei 24—25° C., aber auch noch bei 17½° C., daher noch an den Küsten des Mittelmeeres in Spanien, Sicilien, Rhodus, Cypern. Für den Handel wichtig sind blos Westindien, Brasilien, Guyana, Mauritius, Burbon, China, Südost-Asien mit seinen Inseln. Die Einfuhr in Europa beträgt jährlich über 12 Mill. Ctr., im Werthe von fast 104 Mill. Thlrn. ohne Zoll und Fracht, die fast 75 pCt. betragen. In Mittel-Europa kommt auf den Kopf jährlich 6 Pfd., in England 24 Pfd., in den Tropen ist er allgemeines Nahrungsmittel. In Westindien werden Zuckerrohrsaft, Melasse, Zuckerschaum und andere Abfälle in Gährung gesetzt, destillirt und liefern Rum mit etwa 50 pCt. Alkohol. Der feinste aus Zuckerrohrsaft und Melasse, ordinärer bloß aus Melasse, ganz schlechter aus Zuckerschaum und andern Abfällen mit etwas Melasse dargestellt.

8. Fam. Cyperaceae, Riethgräser oder Seggen. Endl. 43.

Den Gräsern verwandt, Stengel unterirdisch, mit dreikantigen oberirdischen Aesten, dreischneidigen, scharfen Blättern mit ungeschlitzter Scheide. Blüthen klein, in Aehren, zwitterig, einhäusig, auch zweihäusig. Blüthenhülle 6 Borsten, 3 (1, 2, 4—6, 12) Staubgefäße. Einfächriger oft dreieckiger Fruchtknoten mit einem anatropischen Samen und 2—3 Narben, bildet sich zur nackten, dreieckigen Frucht aus.

An feuchten Standorten, viel Torf bildend, in allen Zonen. Im Norden Carex, Riethgras, weiter südlich Cyperus, Cypergras und Scirpus, Binse, in den Tropen Scleria vorherrschend. 2800 Arten in 50 Gattungen; Carex 439, Cyperus 373 Arten. Wenig Nutzen, als Viehfutter sogar ungern gesehen. Die Knollen des cultivirten Cyperus esculentus liefern unter dem Namen Erdmandeln Kaffesurrogat und mehlhaltiges Gemüse. Cyperus Papyrus im Nilthale und auf Sicilien, ist die berühmte Papierstaude der Alten, aus deren Halmen (oder Blattscheiden) die Aegypter ihr Papier verfertigten, und deren dicke kriechende Wurzelstöcke bei ihnen eine gewöhnliche Speise waren. Die Wollhaare der fruchttragenden Aehren von Eriophorum, Wollgras, können zu verschiedenem technischen Behufe, z. B. zu Lampendochten und in Verbindung mit Schaaf- und Baumwolle zur Verfertigung von Zeugen, Handschuhen, Filz u. s. w. benutzt werden.

9. Fam. Alismaceae, Froschlöffelpflanzen. Endl. 49.

Stammlose Sumpfkräuter der gemäßigten Zonen mit scheidigen Blättern, Blüthen zwitterig oder einhäusig, unansehnlich in Aehren oder Rispen, oder, schön weiß, in quirlförmigen Trauben. Kelch sechsblättrig, die drei inneren oft blumenartig. Staubgefäße 6, 9, 12 oder unbestimmt; Fruchtknoten 3, 6, oder viele in ein Köpfchen gestellt, frei oder an eine Mittelsäule verwachsen, mit 1 oder 2 Samenknospen. Frucht häutig, Samen ohne Eiweiß.

Zerfallen in Juncagineae (20 Arten) und Alismaceae (50 Arten). Der Wurzelstock der größeren, wie auch die Knollen des Pfeilkrautes, Sagittaria, enthalten Stärkemehl, daher wohl gegessen, Triglochin, Dreizack, wo es viel wächst, zur Sodabereitung verwendet. Alisma Plantago, Froschlöffel, ist verdächtig, scharf, blasenziehend. Daß seine Wurzel ein specifisches Mittel gegen die Hundswuth sei, wie man in neueren Zeiten glaubte, hat sich leider nicht bestätigt.

10. Fam. Butomaceae, Wasserliesche. Endl. 50.

Von den vorigen nur durch den doldigen Blüthenstand und die auf den Wänden der Fruchtknoten netzförmig ausgebreiteten Samenpolster, auf denen die zahlreichen eiweißlosen Samen sitzen, unterschieden.

Eine einzige Gattung: Butomus, Wasserliesch, mit 6—7 Arten in Sümpfen und an Gewässern der nördlichen Halbkugel. Die knollige Wurzel von But. umbellatus, der einzigen bei uns vorkommenden Art, enthält Stärkmehl und wird gegessen.

11. Fam. Liliaceae, Lilien. Endl. 55.

Kräuter mit Zwiebeln, Knollen oder Büschelwurzeln; selten Bäume oder Sträucher mit einfachem, wenig ästigem Stock. Blätter am Grunde scheidig, oder umfassend, lineal, flach, zuweilen rund und röhrig. Blüthen zwitterig, regelmäßig, gipfelständig, einzeln, in Aehren, Trauben, Köpfchen oder Dolden, oft mit Deckblättchen gestützt oder von Blüthenscheiden eingehüllt. Sechsblättriger oder sechsspaltiger, blumenblattartiger Kelch. Sechs gegenüberstehende Staubgefäße, unter dem Fruchtknoten oder auf der Blüthenhülle stehend. Der dreifächrige Fruchtknoten, mit einem oder ohne Griffel, mit 1 oder 3 Narben, bildet sich zur Kapsel, selten zur Beere aus, mit zahlreichen, zweireihigen Samen. Das Eiweiß umgibt den cylindrischen, geraden oder gekrümmten Keim. Die Samenschalen schwarz oder braun.

Allenthalben, jedoch vorzüglich in gemäßigt warmen Ländern, die mit entwickeltem Stamme in heißen Ländern; charakteristisch sind sie am Cap. Man kennt 1300 Arten in 75 Gattungen. Alle pflanzen sich mehr durch Knospen aus dem Wurzelstock, als durch Samen fort. Die Zwiebeln, reich an Schleim, bitterem, harzigem Extractivstoff, an scharfen, flüchtigen Stoffen und zuweilen an ätherischen Oelen, dienen darnach als Nahrung und Würze, wie z. B. Allium, Lauch, oder als Arznei, wie Scilla, Meerzwiebel. Die Schößlinge von Asparagus officinalis, Spargel, liefern das bekannte Gemüse. Von Dracaena Draco gewinnt man Drachenblut, eine rothbraune Farbe. Die zähen Bastfasern von Phormium tenax, dem neuseeländischen Hanf, sollen an Weiße und Feinheit der Seide gleichkommen und übertreffen unsern Hanf und Flachs an Dauerhaftigkeit. England führte schon 1831 über 1½ Millionen Pfund davon ein; die Zufuhr ist fortwährend im Steigen.

Tulipa, die Tulpe, in vielen Arten aus dem Orient im 16. Jahrhundert nach Europa gebracht und cultivirt; namentlich in Holland zur Tulipomanie ausartend (im Garten des Grafen von Pappenheim 5000 Spielarten cultivirt). Daß aber für eine Zwiebel 4 — 5000 Fl. bezahlt worden seien, ist ein Irrthum. Die Tulpenliebhaberei wurde Veranlassung zur Geldspeculation; was jetzt Actie ist, hieß damals Tulpe; man kaufte und verkaufte Tulpen, ohne daß der Verkäufer solche hatte, noch der Käufer haben wollte.

Fritillaria imperialis, die Kaiserkrone; die schuppigen Zwiebeln von widerlich betäubendem Geruche, sind giftig.

Lilium candidum, weiße Lilie, liefert das Lilienöl aus den Blättern; die Zwiebel von dieser und anderen Arten in Asien und Nord-Amerika gebraten gegessen.

Allium Cepa, Zwiebel, mit vielen Abarten, schon bei den Aegyptern und Juden berühmt, auch jetzt noch im Süden gewöhnliche Speise; bei uns wenigstens Gewürz. Außerdem früher in der Medicin, jetzt nur noch äußerlich als Hausmittel. Andere cultivirte Arten sind: All. Ascalonicum, Schalotte; All. fistulosum, Röhrenlauch; All. Schoenoprasum, Schnittlauch; All. Porrum, Porre; All. sativum, Knoblauch.

Asphodelus ramosus, Affodill, an gebirgigen Orten Süd-Europas, früher die Wurzel Medicin und Nahrungsmittel, war bei den Griechen der Proserpina geweiht und wurde allgemein auf Gräber gepflanzt.

Aloë vulgaris, Aloe; aus dem bitteren Safte dieser und einiger anderen Arten wird die schon seit alten Zeiten gebräuchliche und auch jetzt noch als Arzneimittel geschätzte Aloe bereitet, welche in mehreren Sorten von verschiedener Güte und Reinheit in den Handel kommt.

Yucca, holzige, schöne Gewächse aus den südlichen Theilen von Nord-Amerika und Westindien, bei uns als Zierpflanzen in Häusern gehalten; in ihrem Vaterlande aus den Blattfasern Gewebe und leichteres Tauwerk verfertigt.

Zu den Liliengewächsen gehören noch als geachtete Zierpflanzen: die Hyacinthe, Hyacinthus, die Traubenhyacinthe, Muscari, ferner Agapanthus, sowie die auf unseren Fluren wild wachsende Zaunlilie, Anthericum, und Milchstern, Ornithogalum.

Die Liliaceen sind von den technisch unwichtigen Simsen, Juncaceae Endl. 51., durch die hier trocknen, schuppigen Kelchblätter, von den Zeitlosen, Melanthaceae Endl. 53., durch die auswärts gekehrten Antheren, von den Beerenlilien, Smilaceae Endl. 56., durch Habitus und die nicht schwarze Samenschale unterschieden. Zu den Melanthaceen gehört die giftige Herbstzeitlose, Colchicum autumnale, und die weiße Nieswurz, Veratrum album. Von den Smilaceen ist zu erwähnen die giftige Einbeere unserer Wälder, Paris quadrifolia, welche Brechen erregt und Gegengift gegen Arsenik- und Sublimatvergiftungen sein soll, und Smilax Sarsaparilla, welches in vielen Abarten im wärmeren Amerika wachsend, die verschiedenen Arten der medicinisch höchst wichtigen Sassaparillwurzeln liefert. Auch Convallaria, die Maiblume, gehört hierher. Juncus, die Simse, und Luzula, die Hainsimse, vertreten bei uns die Juncaceen. In China wird eine Art Juncus auf sumpfigen Aeckern unter dem Namen Kin oder Siksso anstatt des Reis gebaut.

12. Fam. Dioscoreae, Yamspflanzen. Endl. 57.

Perennirende Gewächse mit fleischig knolligem Wurzelstock und windendem Stamme; Blätter abwechselnd, selten gegenüberstehend; Blüthen zweihäusig, grünlich, klein, sechstheilig. Die männlichen mit sechs Staubgefäßen, die weiblichen mit unterem dreifächerigem Fruchtknoten, mit drei Griffeln; in jedem Fache 2 anatropische Samen. Frucht eine Kapsel, ein- bis dreifächerig, die Samen einzeln oder zu zweien; der Keim klein, in einer geräumigen Höhle des Eiweißes.

Die Wurzelstöcke mehrerer Arten der Yamspflanzen, die ursprünglich im asiatischen Archipel zu Hause sind, sich aber durch Cultur über die ganze heiße Zone verbreiteten, enthalten außer einem durch Hitze zerstörbaren flüchtigen Stoffe viel Stärkmehl. Sie sind daher höchst wichtige Nahrungsmittel, wie die Yamswurzel oder Igname, Dioscorea alata, deren Wurzeln ungemein groß sind (30pfündige sind gewöhnlich, aber auch bis 474 Pfd.). Sie werden gekocht oder gebraten genossen. Die Blätter einiger Arten gegen Schlangenbiß und Skorpionstich. Die jungen Sprossen von Tamus communis, Schmeerwurz, schwarze Zaunrübe, die in England, dem Orient, Afrika, auch hier und da im mittleren Deutschland wächst, werden im Orient wie Salat, in England wie Spargeln gegessen.

An die Dioskoreen schließen sich die, auch den Aristolochien und Aroideen ähnlichen Taccaceae Endl 58., auf den Inseln des indischen Meeres, deren Wurzeln mehlhaltig, jedoch nirgend Hauptnahrung, sondern neben Cocos, Reis und Brodfrucht im Gebrauche sind. Der scharfe, brennende Stoff, der ihren Genuß roh schädlich macht, ist flüchtiger Natur und verschwindet beim Trocknen, Kochen oder Rösten. Die wichtigste derselben ist Tacca pinnatifida, Tacca oder Tavulu der Südsee-Insulaner.

13. Fam. Hydrocharideae, Froschbißgewächse. Endl. 59.

Krautige Sumpf- und Wasserpflanzen, mit grundständigen, gestielten, schwimmenden Blättern. Blüthen vor dem Oeffnen in Scheiden eingeschlossen, regelmäßig, meist zweihäusig; die männlichen meist gehäuft, mit dreiblätterigem Kelche, Staubgefäße 3, 6, 12 auf dem Blüthenboden; weibliche Blüthen einzeln, die Kelchröhre mit dem Fruchtknoten verwachsen, dreitheilig. Der Fruchtknoten ein- bis sechsfächerig, vielsamig, mit 3—6 zweispaltigen Narben, bildet sich zur beeren- oder lederartigen Frucht aus. Die aufsteigenden Samen sind eiweißlos.

25 Arten in 11 Gattungen in stehenden Gewässern aller Erdtheile. Bei uns Stratiotes aloides, Wasser-Aloe, und Hydrocharis Morsus ranae, Froschbiß, beide ungenutzt. Auf den Inseln des südlichen Asiens die Wurzel von Strat. acoroides, an den Ufern des Irawaddi die von Bootia cordata, roh oder gebraten als Gemüse gegessen.

14. Fam. Irideae, Schwertlilien. Endl. 61.

Kräuter mit Rhizom, seltener Zwiebel oder Zaserwurzel. Blätter schwertförmig, reitend, nervig gestreift, einseitswendig, oft grundständig. — Die oft schönen und großen Blüthen mit Blüthenscheiden, zwitterig, regelmäßig oder unregelmäßig, in gipfelständigen Aehren oder Rispen, selten einzeln. Blüthe 6theilig, oberständig, röhrig. Drei, meist getrennte, nach Außen aufspringende Staubgefäße. Fruchtknoten unterständig, dreifächerig; ein Griffel mit drei, oft blumenblattartigen Narben. Kapsel mit vielem Samen. Keim gerade.

Zahlreiche Familie (550 Arten in 29—34 Gattungen) in den wärmeren Theilen beider gemäßigten Zonen. Ihre Stoffe öfters scharfer und flüchtiger Art, mit Veilchengeruch, daher das Rhizom mehrerer Iris-Arten als Veilchenwurzel und als Parfum gebräuchlich. Gelber Farbstoff im Stigma von Crocus sativus, Safran; dieser daher in England, Ungarn, Süd-Europa und im Oriente gebaut, die Narben gesammelt, getrocknet, liefern Safran (200,000 = 1 Pfd.); Iris germanica, gemeine Schwertlilie, liefert ein schönes Grün; Iris tenax in Nord-Californien liefert so feste Blattfasern, daß die Eingeborenen Schlingen zum Fange des Elennthieres und Bären daraus fertigen. Die Zwiebel von Gladiolus communis, Schwertel, wurde als Siegwurz, Siegmarswurz oder Allermannharnisch als Amulet gegen Verwundungen und Krankheiten getragen.

15. Fam. Amaryllideae, Schmucklilien. Endl. 64.

Zwiebel und safttragende Kräuter, selten mit Zaserwurzel und Stengel. Blätter meist grundständig, einfach, lineal, scheidig, stengelumfassend, längsnervig. Blüthen ansehnlich, zwitterig, regelmäßig oder unregelmäßig, gipfelständig, einzeln oder doldig, mit Blüthenscheiden. Blüthenhülle oberständig, sechsblätterig, in 2 Reihen, zuweilen mit Nebenkrone. Sechs Staubgefäße mit freien oder verwachsenen Filamenten und nach Innen aufspringenden Antheren. Dreifächeriger Fruchtknoten mit einfachem Griffel, dreifacher Narbe. Viele Samenknospen in 2 Reihen. Frucht eine Kapsel, selten Beere. Viele Samen mit dünner, schwarzer oder brauner Haut. Embryo gerade.

600 Arten in 30—40 Gattungen, an sandigen Seeküsten der Tropenländer; bei uns Narcissus, Narcisse, Leucojum, Frühlingsweiß, Galanthus, Schneeglöckchen.

Die Zwiebeln enthalten Schleim und einen brechenerregenden, zuweilen höchst giftigen Stoff. Meist technisch unwichtig, dienen sie mehr zur Zierde unserer Gärten.

Hierzu gehören auch die in Mexico und den anliegenden Ländern auf Gebirgen wachsenden Agaveae, Agaven, deren Stamm sehr entwickelt, oft 50 Fuß hoch wird, mit starren, dicken, stachligen Blättern. Blüthenstand sehr groß, 40 — 50 Fuß, endständig, rispenartig, mit Bracteen, oft 4000 Blüthen enthaltend. Sie werden sehr alt, bringen aber nur einmal Frucht. Die Ursache der tödtlichen Erschöpfung durch die Blüthen liegt in der fast plötzlichen, selbst für diese gewaltigen Pflanzenmassen übermächtigen Entwickelung des Endtriebes, der Alles in seinem Zuge mit fortreißt und die Ausbildung von Seitenknospen auf diese Art unmöglich macht. In der durch Ausschneiden der Endknospe entstandenen Vertiefung sammelt sich mehrere Monate lang ein süßer Saft an, der gegohren den angenehm schmeckenden, aber nach Aaß riechenden Pulque, Lieblingsgetränk der Mexicaner, liefert. Das süßlich-säuerliche Mark der Blätter gibt Gemüse; die ganzen Blätter zum Dachdecken, die Dornen als Pfeilspitzen und Nadeln, die feinen, schönen Fasern als Flachs genützt; Agave Silana liefert den sehr geschätzten Campeche- oder Silalhanf.

16. Fam. Bromeliaceae, Ananasgewächse. Endl. 65.

Ansehnliche, strauchartige Pflanzen mit verkürztem, ausdauerndem Stamme, häufig mit Luftwurzeln und auf Bäumen schmarotzend. Blätter meist grundständig oder in dichten Spiralen, scheidig, starr, meist stachelig gezähnt, grau. Blüthenstand endständig, ähren- oder traubenförmig oder rispig, mit großen, bisweilen schön gefärbten Deckblättern. Blüthenhülle zweireihig, ungleichartig, die äußere derber, die innere zart, am Grunde mehr oder weniger zusammenhängend, öfter mit Honigschuppen. Sechs Staubgefäße. Fruchtknoten dreifächerig mit ungetheiltem Griffel und öfters dreilappiger Narbe. Die Frucht eine dreifächerige Kapsel oder Beere, mit zahlreichen Samen, deren Schale lederartig ist.

In Amerika zwischen den Wendekreisen; Viele auf Bäumen als unächte Schmarotzer, namentlich Tilland.ia, machen mit den Aroideen einen Hauptbestandtheil der Lianen aus. Manche werden der stacheligen Blätter wegen zu Umzäunungen benutzt. Die Früchte einiger weniger Bromelia-Arten saftig, in dichten Aehren stehend, verwachsend, haben einen höchst angenehm kühlenden, säuerlich-süßen, zartgewürzhaften Geschmack; zugleich aber, wenn sie noch nicht reif sind, eine gewisse Schärfe, die Entzündung des Gaumens und Ruhr erzeugt. Im Vaterlande der gegohrene Fruchtsaft als vortrefflicher Wein geschätzt. In Leipzig zuerst 1711 gezogen. Die verschiedenen Arten von Ananas entstehen durch Cultur, namentlich durch Aussaat des Samens, der aber bei uns nicht reift. Daher bei uns Fortpflanzung durch Schopf und Nebenknospen.

17. Fam. Orchideae, Knabenkräuter. Endl. 66.

Krautartige, an feuchten, schattigen Orten auf der Erde oder parasitisch in den Tropen auf Waldbäumen lebende Gewächse; erstere haben entweder dicke, fadenförmige oder knollenförmige oder handförmige Wurzeln, und einen unten mit Schuppen, oben mit Blättern besetzten, selten nur schuppigen Stengel. Die parasitischen zeigen eine Verdickung des Stengels, aus der Blätter und Blüthenstiel hervorgehen; ihre Wurzeln dienen theils zum Anheften am Stamme, theils sind es frei herabhängende Luftwurzeln, die als Stolonen neue Knollen mit Blättern treiben. Die wechselständigen, ganzrandigen, parallelnervigen Blätter sind an der Basis scheidenartig, die unregelmäßigen, meist prachtvollen, zwitterigen Blüthen stehen am Ende des Stengels oder Blüthenstieles, jede in der Achsel einer Bractee, in Aehren, Trauben, Rispen, selten einzeln. Sechs Kelchblätter; die drei äußeren gleich, oft helmförmig verwachsen, ebenso 2 innere, unter sich gleich, aber vom dritten verschieden. Letzteres, die Unterlippe, ist von der verschiedensten Größe, Gestalt und Farbe, gestielt oder ungestielt, oft gespornt. Von den 3 der Anlage nach vorhandenen und gynandrisch mit dem Griffel verwachsenen Staubgefäßen bildet meist nur eines die Anthere aus, die sich dann über das Stigma erhebt; die beiden seitlichen verkümmern und zeigen sich bald als Spitzen, bald als längere oder kürzere Fäden. Bei Cypripedium findet der entgegengesetzte Fall statt. In der Anthere liegen 2, bei den tropischen Arten 4 oder 8 körnige oder wachsartige Pollenmassen, mit einer Drüse am unteren

Ende. Diese liegt in der bursicula, einer Vertiefung, die bei vielen Arten zwischen Anthere und Narbe vorkommt, und wird durch Insecten auf die Narbe gebracht. Der gedrehte Fruchtknoten ist einfächerig mit 3 wandständigen Samenträgern und bildet sich zur einfächerigen, dreirippigen, vielsamigen Kapsel aus. Der sehr kleine Samen zeigt unter der schlaffen, äußeren Samenschale den Kern, der ohne Albumen ist.

Eine zahlreiche (2360 Arten in 350 Gattungen), allgemein verbreitete, zwischen den Wendekreisen aber am häufigsten vertretene Familie. Die unterirdischen, namentlich aber die eiförmigen Knollen der Gattung Orchis, an Stärkemehl und Schleim reich, liefern, gereinigt, einige Minuten in kochendes Wasser getaucht, getrocknet, den Salep. Vanilla aromatica, eine in Süd-Amerika, vorzüglich aber in Mexico cultivirte Schmarotzerpflanze, trägt an 10 Zoll lange, schotenartige Kapseln, die vor der völligen Reife gepflückt, getrocknet und als Vanille verkauft werden. Sie enthalten ein fettiges Mark, von höchst gewürzhaftem Geruch und Geschmack. Die beste kommt aus der mexicanischen Provinz Oaxa über Veracruz, welches jährlich fast 1 Mill. Stücke, im Werthe von 3—4000 Piastern verschickt. In Mexico und Spanien wird die Vanille, als der Gesundheit nachtheilig, nicht gebraucht.

Die wichtigsten unserer einheimischen Gattungen sind: Neottia, Nestwurz, Listera, Zweiblatt, Orchis, Knabenwurz oder Kukuksblume, Epipactis, Sumpfwurz, Ophrys, Ragwurz, Cephalanthera, Kopfanthere, Malaxis, Weichständel, Cypripedium, Frauenschuh.

18. Fam. Zingiberaceae, Gewürzpflanzen. Endl. 68.

Krautartige schöne, gewürzige Pflanzen mit kriechendem, zuweilen gegliedertem oder knolligem Wurzelstock. Stengel einfach, dünn, gegliedert. Blätter zweizeilig mit Scheiden und Blattstiel, zugespitzt, parallelfiedernervig. Blüthen in gipfelständigen oder grundständigen Aehren, Trauben oder Rispen mit gemeinschaftlichen Blüthenscheiden und besonderen Deckblättern; zwitterig, unregelmäßig aus 9 — 11 ungleichen Blättchen bestehend. Fünf blumenblattartige, unausgebildete und ein ausgebildetes Staubgefäß. Dreifächeriger, unterständiger Fruchtknoten mit einfachem Griffel und trichterförmiger Narbe, bildet sich zur mehrsamigen Kapsel aus.

280 Arten in 16—20 Gattungen an Fluß- und Seeufern innerhalb der Wendekreise, namentlich in Ostindien. Der Wurzelstock enthält außer Stärkmehl noch ätherisches Oel, scharfes Harz, bitteren Extractivstoff und bei einigen einen gelben Farbstoff. Daher in ihrem Vaterlande als Gewürze, Arzneimittel, zum Färben oder auf Stärkemehl benutzt. Von einigen sind auch die Samen Gewürz und Heilmittel.

Zingiber officinale, Ingwer, in Ost- und Westindien cultivirt, nicht mehr wild; der Wurzelstock getrocknet, liefert weißen und schwarzen Ingwer; in Ostindien auch frisch in Zucker eingemacht und versendet; Einfuhr nach Europa jährlich etwa 1 Mill. Pfund. Curcuma longa, in Ostindien und China cultivirt, liefert die Curcume, die in Ostindien Gewürz und Arznei, bei uns nur Farbstoff ist; außerdem liefern die an den

Wurzelzasern des Rhizoms sitzenden Knollen noch ein feines Stärkmehl Tikor Tikhur oder Kooa. Die keulig-dreiseitigen Früchte von Amomum aromaticum sind unter dem Namen „lange Cardamomen" als Gewürz und Heilmittel bekannt. Andere Arten liefern: die kleinen und die runden Cardamomen und die Paradieskörner.

19. Fam. Cannaceae, Blumenrohre. Endl. 69.

Den vorigen durchaus ähnlich in Bau und Blüthe und eigentlich nur durch das den Embryo umgebende hornige Eiweiß unterschieden, welches den Zingiberaceen fehlt und daselbst durch ein äußeres, den Keimsack umschließendes Eiweiß vertreten wird.

Eine kleine Familie von 160 Arten in 6 Gattungen, ersetzt im heißen Amerika und Afrika die Zingiberaceen. Wenig gewürzhaft, enthalten aber im Rhizom viel Stärkmehl. Maranta arundinacea, Pfeilwurz, auf Jamaika und Ceylon gebaut, gibt 10 pCt. Arrow-Root, wovon England fast ½ Mill. Pfund einführt. Die frisch aufgelegte Wurzel ist Gegengift gegen das aus dem Mancinellenbaume bereitete Pfeilgift. Canna indica, indisches Blumenrohr, gehört zu unseren beliebtesten Zierpflanzen.

20. Fam. Musaceae, Bananen oder Paradiesfeigen. Endl. 70.

Krautartige, ausdauernde, oft sehr große Pflanzen; Stamm verkürzt, der Stengel unächt aus den Scheiden der sehr großen, abwechselnden, gestielten Blätter gebildet. Blüthenstand zusammengesetzt ährig. Blüthen zwitterig oder polygamisch, meist unregelmäßig. Blüthenhülle oberständig, in 2 Kreisen, beide kronenartig, sechstheilig. Staubgefäße 6, eins unfruchtbar oder fehlend. Der unterständige dreifächrige Fruchtknoten mit einfachem Griffel und gelappter Narbe, bildet sich zur dreifächrigen, 1—vielsamigen Beere oder Steinfrucht aus. Die Samen mit mehligem Eiweiß und cylindrischem Embryo.

Sehr schätzbare Pflanzen, die in den Tropen, vorzüglich in Südamerika, am Cap, auf Madagaskar und auf den Molukken wachsen.

Musa paradisiaca, gem. Pisang, und M. sapientum, Bananen-Pisang, zwei der gewöhnlichsten Culturpflanzen der heißen Zone. Der letztere noch bis 35° N., der innerhalb der Tropen bis 5000′ Höhe. In Indien seit Jahrtausenden cultivirt, in vielen, meist samenlosen Spielarten. Die süßen, etwas mehligen, auch wohl säuerlichen, gurkenähnlichen Früchte sind reif oder halbreif, zubereitet oder roh Hauptnahrung mancher Tropengegenden, und liefern auf einem gegebenen Raume 44 mal mehr Nahrungsstoff, als die Kartoffel. Ihre Abkochung mit Wasser ist gewöhnlicher Trank und liefert gegohren Wein. Die Blüthenknospe gutes Gemüse; die Blätter geben Tischtuch und Teller, Sonnenschirm, Fliegenwedel und Packmaterial; die Fasern der Blattscheiden Taue, Angelschnüre und Kleidung. Ein Stamm gibt 30 bis 40 Pfd. Früchte; dann abgeschnitten, trägt der neue Schoß nach 3 Monaten schon wieder und so viermal im Jahre. Musa textilis, auf den Molukken und Philippinen, liefert den Manilahanf.

21. Fam. Najadeae, Najaden. Endl. 71.

Schwimmende oder untergetauchte Wasserpflanzen mit flachen, riemenförmigen oder herzförmigen Blättern und unansehnlichen Blüthen; Blüthendecke oft fehlend; Staubgefäße 1—4; Pistille 1—4, einfächerig, einsamig. Frucht eine Kapsel.

Im Allgemeinen durchscheinende, zellige Pflanzen, ohne Spaltöffnungen. Außerhalb der Wendekreise gemein. 112 Arten, von denen die Seepflanzen Jod enthalten. Die Blätter von Zostera, Wasserriemen und Anderen, sehr biegsam und elastisch, getrocknet als Seegras zum Polstern, an den Küsten zum Streuen des Viehes und Dachdecken, in Holland zum Baue der Dämme verwendet. Die Wurzelstöcke mancher Arten von Potamogeton, Laichkraut, gegessen.

Ihnen verwandt ist die kleine Familie der Lemnaceae, von denen bei uns Lemna in mehreren Arten, als Entengrütze im Sommer unsere Teiche bedeckt, auf deren Grund sie zum Winter hinuntersinkt.

22. Fam. Typhaceae, Rohrkolben. Endl. 72.

Krautartige Wasserpflanzen mit kriechendem Wurzelstock und aufrechtem Stengel, mit wenigen, zweizeiligen, sehr langen Blättern, gedrängtem, walzenförmigem oder kopfförmigem Blüthenstande. Blüthen einhäusig, klein, sehr zahlreich (an einem mäßig großen weiblichen Blüthenstande von Typha latifolium 99072 Blüthen, bei Sparganium ramosum 120—130 Fruchtknoten), mit zarter fadenförmiger Blüthenhülle. Die männlichen Blüthen über den weiblichen stehend, 3 Staubfäden; die weiblichen meist mit Deckblättern, sitzende Fruchtknoten, mit ansehnlichen Narben, bilden sich zu Steinfrüchten oder einsamigen Kapseln aus.

16 Arten in den 2 Gattungen Typha, Rohrkolben, und Sparganium, Igelkopf, über die ganze Erde verbreitet, wachsen gesellig in Sümpfen und Teichen, namentlich der gemäßigten Zonen. — Blätter von Böttchern zum Verlieschen der Fässer gebraucht, die Kolben zum Polstern. Der Stärkemehlgehalt der Wurzelstöcke nicht unbedeutend und zu berücksichtigen.

23. Fam. Aroideae, Aronpflanzen. Endl. 73.

Zum Theil sehr schöne, oft aber auch unschöne und wunderliche Formen. Stämme bald sehr groß und dick, bald schlank, gegliedert, kletternd, bald verkürzt und knollenförmig. Blätter, bald ungemein groß auf langen Stielen, bald klein, theils eirund, theils langgestreckt, theils mehrfach getheilt. Blüthenstände bald klein und zwischen den Blättern versteckt, bald erscheinen sie vor den Blättern, stehen nackt aus der Erde hervor und machen durch die meist fahlen und düsteren Farben der Scheide, so wie der Kolben einen widrigen, nur wenige, mit weißen Scheiden, einen freundlichen Eindruck. Blüthen nackt, einhäusig (Araceae, die Fruchtknoten dann unten am Kolben, die Staubgefäße oben), oder zwitterig und von einem 4—6blätterigen Kelche umgeben (Orontiaceae). Fruchtknoten einfächerig, selten dreifächerig, mit sitzender Narbe, wird zur mehrsamigen Beere, selten zur Kapsel. Embryo walzenförmig, mit mehligem oder fleischigem Eiweiß.

Eine tropische Familie von 225 Arten in 40 Gattungen, wenige in gemäßigten Ländern; lieben feuchte, lockere Erde und feuchte Luft. Gesellig an Gewässern. Klein in kälteren Gegenden, baumartig und Lianen bildend in heißen Ländern; als solche wesentlich die Physiognomie einer Gegend bestimmend. Vorzüglich in Amerika in einer Höhe von 1200—3000 Fuß und auf Java; wenige in Afrika. — Die Beschaffenheit ihrer flüchtigen, brennend scharfen, oft weiß gefärbten Säfte, die aber durch die Hitze zerstört werden, und das Stärkemehl ihrer Wurzeln macht sie wichtig. Mehrere Arten von Arum und Colocasia haben eßbare Rhizome und werden deshalb im Großen in eingedämmten Sümpfen gebaut. Arum esculentum bildet die gewöhnliche Nahrung auf Neu-Seeland und den Sandwichs-Inseln, wo die Pflanze Tarro oder Kalo heißt. Das Rhizom des aus Asien stammenden Acorus Calamus ist gewürzhaft und wird als Kalmus oder Magenwurzel angewendet. Außer dem Kalmus haben wir noch Arum maculatum, den gefleckten Aron, dessen mehlhaltige Wurzel im frischen Zustande sehr scharf ist und auf der Haut Blasen zieht, während die Früchte die Wangen wenigstens röthen und von Eitlen als Schminke benutzt werden, die durch Waschen so bald nicht verschwindet. Weniger scharf, jedoch immer verdächtig ist unser Sumpf-Schlangenkraut, Calla palustris. Richardia aethiopica ist eine beliebte Topfpflanze.

24. Fam. Pandaneae, Pandanen. Endl. 74.

Bäume oder Sträucher mit straff aufrechtem, selten schwachem, niederliegendem oder verkürztem Stocke und zahlreichen Luftwurzeln. Blätter zahlreich, gedrängt spiralig, lang, einfach, stengelumfassend, scheidig. Blüthen zweihäusig oder polygamisch, nackt, in einfachen oder ästigen Kolben dicht gedrängt; die männlichen mit 3 oder 6 Staubgefäßen, die weiblichen ein sitzender, einfächeriger Fruchtknoten mit einem Samen.

Die 2 Gattungen mit 30 Arten finden sich in Süd-Asien, Australien, Madagaskar. Pandanus odoratissimus angepflanzt; die gewürzhafte Frucht auf den Südseeinseln während eines Theiles des Jahres gegessen und unreif als Heilmittel gebraucht; die unentfalteten Blüthen auf den Molukken gegessen. Ebenso die mandelartigen Samen von Pandanus utilis eßbar; seine Blätter liefern Matten zu Schürzen, Schiffssegeln und zum Lager der Indianer.

25. Fam. Palmae, Palmen. Endl. 75.

Bäume von höchst edeler Gestalt, mit einfachem, sehr selten verästeltem Stamme, der sich oft verdickt und von Schuppen, den Ueberresten der stengelumfassenden Blätter bekleidet oder von den Narben der abgefallenen Blätter geringelt ist. Die oft riesenhaften Blätter (bei der Dattelpalme 8—10', Sagopalme 20—24', Schirmpalme 18' lang und 14' breit) stehen am Gipfel des Stammes schopfig zusammengedrängt, selten seitlich und entfernt wechselständig; sie sind strahlig-, handförmig- oder fiederig-getheilt und eingerissen, in der Knospe gefaltet, der scheidige Grund des Blattstieles oft in ein faseriges Netzwerk sich auflösend. Blüthenstand meist ein ästiger Kolben von einer sehr großen ein- oder mehrblätterigen Scheide umgeben, entspringt aus der Achsel eines Blattes. Die kleinen sitzenden, meist fahlgelben, sehr zahlreichen Blüthen (12,000 in der Scheide der männlichen Dattelpalme, 600,000 bei Alfonsia oleifera) sind hermaphroditisch, monöcistisch, diöcistisch oder polygamisch. Daher die große Zerstreuung der so natürlichen Gruppe in die Classen des linneischen Systemes. Der Kelch ist ein unterer und sechsblättrig. Die drei äußeren Blättchen klein, getrennt, die inneren gestreift, zuweilen verwachsen. Sechs, bei Zwitterblüthen unten oft verwachsene Staubgefäße. Drei getrennte oder verwachsene Pistille mit sehr kleinen Fächern und einer unten befestigten Samenknospe. Frucht: eine Beere oder Steinfrucht, drei-, selten zwei- oder einfächerig oder aus drei getrennten, einfächerigen Früchten bestehend. In jedem Fache ein Same, mit großem fleischigem oder hornartigem Eiweiß, in dessen Höhlung am Rande der kreiselförmige Embryo liegt.

Die Palmen sind nur in heißen Ländern zu Hause, die meisten in Amerika am Amazonenstrome und Orinoko, in Asien, namentlich in Vorder- und Hinterindien, in Afrika außerhalb Guinea's wenige. Sie gehen in Amerika bis 36° N. Br., in Asien bis 34°, in Europa einige bis 44° angepflanzt, ohne jedoch Früchte zu reifen. Nach Süden bis 38° S. Br. In Neu-Holland Einige. Zusammen etwa 200 Arten. In der Vorwelt ziemlich häufig, namentlich die fächerblätterigen.

Weniger durch eigenthümliche Eigenschaften ihrer Säfte, als dadurch, daß sie allgemein anwendbare Stoffe liefern, sind sie von äußerster Nützlichkeit und machen sogar den im Allgemeinen allernützlichsten Gräsern den Rang streitig, weil oft eine und dieselbe Art vielerlei Zwecke zu gleicher Zeit erfüllt. Mehligen Nahrungsstoff, Zucker und hierdurch Wein, Oel, Wachs, erfrischendes Obst, Stoff zur Kleidung und Bauholz liefern oft wenige Arten. Einige als Arzneimittel, Farbe und Gewürze beliebt. In mehreren Gegenden ist das Dasein eines ganzen Volkes an eine gewisse Palme geknüpft, die ihnen alle, oder doch die wichtigsten Lebensbedürfnisse befriedigt, wie den Bewohnern der Südseeinseln die Cocospalme.

A. Fiederpalmen.

Phoenix dactylifera, die Dattelpalme, wild im nördlichen Afrika, auf der Südseite des Atlas, daher Beledul-Djerid, Dattelland, gedeiht im trocknen, heißen Clima am besten, namentlich zwischen 29 und 35° N. Br. in einer mittleren Temperatur von 21—23° C. Ihr Verbreitungsbezirk ist die Südküste des Mittelmeeres, Arabien, Persien, Theile von Hindostan.

Die Grenze des Reifens schneidet nach Norden ab mit der Südspitze von Portugal und Sicilien, Corfu, Syrien, Mesopotamien und den Ufern des Indus, über dessen Delta sie nicht östlich hinausgeht. Weiter nördlich wird sie in Spanien noch bis 41° der Blätter wegen gebaut, die zu Kirchenschmuck verwendet werden, reift aber keine Frucht mehr. Hauptnahrung in ihrem Verbreitungsbezirke für Menschen und Thiere, daher vielfach gebaut. In Aegypten hat Mancher mehr als 1000 Palmen, deren jede jährlich 1 Ducaten einträgt. Aus dem Safte der köstlichen Datteln, die zu uns nur getrocknet in den Handel kommen, gewinnt man Syrup, Wein und Essig.

Cocos nucifera, Cocospalme, im südlichen Asien und auf den Inseln des großen Ocean zu Hause, aber überall in den Tropen gebaut, namentlich auf Ceylon, den Sunda-Inseln, an den Küsten des rothen Meeres bis Mochha, nicht in Aegypten. Vorzugsweise auf die Küsten der Inseln angewiesen, geht sie doch auch in Ostindien, den Steppen von Venezuela und in Cuba landeinwärts. Sie übertrifft an Nützlichkeit die Dattelpalme, trägt vom sechsten bis hundertsten Jahre, liefert die Cocosnüsse, Oel, Milch, Butter, Arrak, Schalen zu Trinkgeschirren, aus den Blattfasern Schiffstaue, Stricke, Decken, Bürsten, aus den Fruchtfasern ein Garn, Coir, ferner Zucker, Wein und Kohl, der 60—70′ hohe Stamm zuletzt noch gutes Baumaterial. Der aus den abgeschnittenen Blüthenkolben ausfließende Saft, Toddy, wird entweder so getrunken, oder unter Hinzufügung einiger Rinden und Wurzeln durch Gährung in Palmenwein verwandelt; oder aus demselben mit Zusatz von Reis Arrak gebrannt. Ceylon führte 1809 fast 3 Millionen Nüsse, das Hundert zu einem Thaler aus; außerdem jährlich 3 Millionen Pfund Coir.

Sagus farinifera und S. Rumphii, Sagopalme, im süd-östlichen Asien, hat eine 2 Finger starke Holzschicht, das Innere, weiches, weißes, feuchtes Mark, liefert Sago. Das Mark wird durch Schlemmen mit Wasser von den Fasern befreit, getrocknet, gekörnt, in Brode geformt. Der weiße und rothe Sago entweder durch verschiedenartiges Trocknen entstanden, oder von zweierlei Bäumen herrührend. Eine Palme liefert im 15. Jahre etwa 600 Pfund. Außer diesen Palmen liefern noch Phoenix farinifera und Cycas circinalis, Sago. Letztere, zu der zwischen Farrenkräutern und Coniferen stehenden, den Palmen nur äußerlich ähnlichen Familie der Cycadeen gehörig, bildet auf den Inseln des asiatischen Archipelagus ganze Wälder und ist hier fast ausschließliches Nahrungsmittel für Völker, die zu sorglos sind, um sich mit dem Bau anderer Culturgewächse zu beschäftigen. Sagu, ein Wort in der Sprache der Papua's, bedeutet Brod. Der meiste in Deutschland verbrauchte Sago ist aus Kartoffeln bereitet, und steht dem ostindischen wenig nach.

Calamus Draco, Drachen-Rotang. Die Früchte enthalten ein dunkelrothes Harz, welches in Tropfen ausschwitzt, oder durch Auskochen gewonnen wird. Es ist der unter dem Namen Drachenblut bekannte Färbe- und Arzneistoff. Die biegsamen Aeste, spanisches Rohr, zu Hausgeräthen verarbeitet, und wichtiger Handelsartikel.

Areca Catechu, die Areka-Palme, in Ostindien; die Früchte zu dem als Betel bekannten Kaumittel genommen; der Extract gibt Katechu.

Areca oleracea, die Kohlpalme, des Palmkohles wegen in Westindien gebaut, der sogar eingemacht nach England versendet wird. Man erhält ihn aus den noch unentwickelten Blättern, den jungen Sproſſen oder dem ganzen Gipfel dieser und verschiedener anderer Palmen.

Elaeis guineensis, Oelpalme, in Guinea wild, in Westindien und Süd-Amerika gepflanzt; 40—50′ hoch, mit stacheligen Blattstielen bewehrt; Früchte etwas größer als Taubeneier, mit dickem faserigem Fleische, aus dem durch Auspressen ein gelbliches, butterähnliches Oel mit Veilchengeruch gewonnen wird, welches frisch zur Speise und in der Medicin, alt zum Brennen gebraucht wird.

Ceroxylon Andicola, gem. Wachspalme, 180 Fuß hoch, steigt auf den Alpen von Süd-Amerika bis 8000 Fuß hinauf, höher als irgend eine andere Palme. Aus den Ringen des Stammes schwitzt Wachs mit ⅓ Harz; wird als Cera de Palma wie Bienenwachs benutzt.

B. Fächerpalmen.

Borassus flabelliformis, Fächerpalme oder Weinpalme; im südlichen Asien wild und cultivirt, liefert aus den abgeschnittenen Blüthenkolben Palmwein, dieser eingekocht: Lontaar- oder Jager-Zucker. Blätter wie die von Cocos benutzt; Früchte reif und unreif als Gemüse.

Corypha umbraculifera, Schirmpalme, in Ostindien, liefert Sago, Kohl, Bast, Papier. Der Saft als Brechmittel, die Früchte nicht benutzt.

Mauritia flexuosa, Mauritiuspalme, begründet die Existenz der im Orinokodelta hausenden Garonen, die in ihren, von Stamm zu Stamm ausgespannten Hängematten, wenn zur Regenzeit das Delta überschwemmt ist, wie die Affen auf den Bäumen leben.

Pilophora testicularis, Nuffpalme, in den sumpfigen Wäldern von Guyana, liefert die Steinnüsse oder vegetabilisches Elfenbein.

Chamaerops humilis, niedrige Stechpalme, nur 3—8′ hoch, von den Juden beim Laubhüttenfeste gebraucht, daher Judenpalme; liefert auch Palmkohl. Sie ist die einzige ächt europäische Palme.

Dritte Abtheilung.

Dicotyledonische oder zweisamlappige Familien.

Phanerogamische Gewächse mit wahren Blüthen und Samen. Die Wurzel ist in der Regel ästig, sehr selten ein kriechender Wurzelstock, eine knollen- oder zwiebeltragende Faserwurzel. Ihr meist verästelter Stengel zeigt gesonderte Rinden- und Holzlage. Die Blätter sind fiedernervig, in der Regel netzaderig. Die herrschende Zahl der Blüthentheile ist fünf und deren Mehrfaches (5, 10, 15, 20, 30 — 00), doch können diese Zahlen eine Verminderung durch Verkümmerung oder durch Metamorphose erleiden. Die Blüthendecken sind meist doppelt vorhanden, als Kelch und Blumenkrone.

Der Embryo ist zweisamlappig, selten mehrsamlappig (bei den Coniferen) oder einsamlappig; meist mit dicken Samenlappen und dann ohne Eiweißkörper; sind die Samen dünn, so ist gewöhnlich ein Eiweißkörper vorhanden.

26. Fam. Coniferae, Nadelhölzer. Endl. 76 — 79.

Hohe Bäume mit aufrechtem geradem Stamme, ohne Spiralgefäße, aber mit punktirten Zellen; Aeste meist quirlförmig; Blätter zerstreut, oft büschelförmig, nadel- oder lanzettförmig; Blüthen gipfelständig, ein- oder zweihäusig; die männlichen in Aehren mit 1 — 00 Staubgefäßen, ganz nackt; die weiblichen, ebenfalls nackt, stehen einzeln, paarweise oder zu dreien beisammen und bilden auch mehrblüthige Aehren, in denen sie gewöhnlich von einer Schuppe begleitet sind, welche mit dem Fruchtknoten mehr oder weniger verwächst; dieser ist ohne Griffel und Narbe, immer offen und meist schuppenartig ausgebildet, seltener napfförmig gestaltet, 1, 2, selten 3 oder mehr Samenknospen enthaltend. Frucht ein holziger oder lederartiger, länglicher oder runder Zapfen, zuweilen fleischig und dann beerenartig. Samen mit fleischigem Eiweiß und zwei oder mehreren Cotyledonen.

Die 180 Arten in beiden gemäßigten bis gegen die kalten Zonen hin, zwischen den Tropen nur auf Gebirgen.

Die wichtigsten Unterfamilien sind:

A. Cupressineae. Blätter gedrängt schuppenförmig; Blüthen in kleinen Kätzchen; die blasigen, einzelligen Staubbeutel an gestielten Schildern; an den weiblichen Blüthen unter Schuppen, 1, 2 oder viele nackte Samenknospen. Embryo mit meist 2 Samenlappen.

Cupressus, Cypresse, Sinnbild der tiefen Trauer, war schon bei den Alten den Göttern geweiht und deshalb auf Gräbern gepflanzt.

Juniperus communis, Wachholderstrauch, im nördlichen Europa und Asien, kann durch Beschneiden baumartig werden; die gewürzigen Beeren als Zuthat zum Gemüse, sowie zum Genever-Branntwein, zum Räuchern und zum Wachholderöl. Jun. virginiana, virginische Ceder, das rothe wohlriechende Holz zu Bleistiften. Jun. Sabina, Sadebaum, giftig und officinell.

Taxus baccata, Taxusbaum, Eibe; in Gebirgswäldern des mittleren und südlichen Europa, in Gärten als Zierbaum, wird über 1000 Jahr alt. Holz röthlichbraun geflammt, sehr hart, zu Drechslerarbeiten gesucht, die jungen Blätter officinell, giftig; die süßlichen Früchte nicht unschmackhaft, aber in größerer Menge schädlich.

B. Abietineae. Blätter nadelförmig, lang. Monöcisch. Jede Schuppe des männlichen Kätzchens ist eine zweifächrige Anthere, jede des weiblichen bildet ein offenes Fruchtblatt, auf dessen Grunde zwei nackte Samenknospen angewachsen sind. Frucht ein dicht dachiger Zapfen, aus den verholzten Fruchtblättern gebildet. Samen meist geflügelt, mit dickem Eiweiß. Keim gerade, mit 3—12 Cotyledonen. Meist gesellig; oft große, durch ihre Farbe düstere Nadelholzwälder bildend; durch Holz und Harz in ökonomischer, technischer und medicinischer Hinsicht von größter Wichtigkeit.

Pinus sylvestris, gem. Kiefer oder Föhre; 80—120 Fuß hoch, 120 bis 160 Jahr alt, im mittleren und nördlichen Europa bis Lappland, in Nord-Asien, auf Ebenen und Bergen in Sandboden. Gibt Bau-, Werk-Brennholz, dient zur Kohlenbereitung, die jüngeren Stämme (Durchforstungsholz) zu Stangen. Das Harz liefert: Terpentin, Terpentinöl, Colophonium, gelbes und schwarzes Pech, Theer, Kienruß. Innere Rinde mit etwas Mehl zur Zeit der Noth zu Brod verbacken. — Hauptfeinde dieser und anderer Pinus-Arten sind: Dermestes typographus, Curculio Pini, Tenebrio caraboides und Bombyx Pini.

Pinus Pinea, Pinie, 40—50′ hoch, im südlichen Europa, die gezweigten Nadeln 4 — 5″ lang, liefert aus den großen, rundlichen Zapfen die schmackhaften Piniennüsse oder Piniolen.

Pinus Cembra, Zirbelfichte oder Arbe, bis 120 Fuß hoch, auf den Alpen und in Sibirien, Nadeln zu fünf; Holz zu Instrumenten, namentlich zu Resonanzboden. Zirbelnüsse wohlschmeckend.

Pinus Strobus, Weymouthskiefer, bis 200 Fuß, Stamm glattrindig, Nadeln zu fünf; in Nord-Amerika, verträgt unser Clima sehr gut und übertrifft die Kiefer an Nützlichkeit.

Pinus Abies, die Tanne, Fichte, Rothtanne, bis 120 Fuß hoch; Nadeln einzeln, allseitswendig, spitz. In den Alpen und in Sibirien Wälder bildend; vorzügliches Bau- und Nutzholz, weniger Brennholz, Rinde zur Lohe, Harz besser, als das der Kiefer.

Pinus Picea, Edeltanne, Pechtanne, Weißtanne, Blätter zweiseitswendig, ausgerandet. Uebertrifft als Nutzholz noch die Rothtanne, steht ihr aber als Brennholz nach.

Pinus Larix, Lärche, Lerchenbaum, 60—100′ hoch; Blätter zu 20 bis 40, abfallend; auf den Voralpen Wälder bildend. Holz sehr gut, besonders zum Schiffsbau; gibt venetianischen Terpentin.

Pinus Cedrus, Ceder des Libanon, nur noch in wenigen Exemplaren dort vorhanden; Holz zum Räuchern, Cedernöl.

27. Fam. Piperaceae, Pfeffersträucher. Endl. 81.

Kräuter oder Sträucher in den heißesten Gegenden beider Halbkugeln, mit knotig gegliedertem, oft rankendem Stengel, meist gegenständigen, fleischigen, etwas scheidenförmigen Blättern, oft mit Nebenblättchen. Kleine, schuppige Blüthen in Kätzchen, 2—3 Staubgefäße; ein, selten 2 oder 4 einfächerige Fruchtknoten mit einer einfachen Samenknospe. Samen mit Eiweiß, Embryo im Embryosack eingeschlossen. Frucht eine Beere.

Gegen 360 Arten. Enthalten ätherisches Oel und brennend scharfes Harz (verschieden von dem indifferenten Piperin), welches bald in allen, bald in einzelnen Theilen vorzüglich ausgebildet ist und sich namentlich in den unreifen Früchten findet. Sie sind deshalb Heil- und Gewürzpflanzen und werden zum Theil im Großen cultivirt.

Piper nigrum, Pfefferstrauch, wild und gebaut nur auf Malakka, Sumatra, Borneo und der Küste Malabar; unreife Samen getrocknet, liefern den runzeligen schwarzen Pfeffer; die reifen Samen, durch Einweichen in Kalkwasser vom Fleische befreit, den gelinderen weißen Pfeffer. Gesammtproduction an 50 Mill. Pfund, im Betrage von 4½ Mill. Thaler; ⅓ davon nach Europa, der meiste nach China. Magenstärkend. P. Betle, Betel-Pfeffer, die brennend gewürzhaften Blätter werden zu dem unter dem Namen Betel bekannten, von Alt und Jung gebrauchten Kaumittel genommen. Die frischen Blätter auf der einen Seite mit gelöschtem Kalk bestrichen und etwas Arekanuß hineingewickelt; die einzelnen Portionen (Bupo) in zierlichen Dosen aufbewahrt. Mäßiger Gebrauch in den feuchten heißen Gegenden heilsam, unmäßiger schadet durch zu starke Speichelabsonderung, färbt die Zähne roth und zerstört sie. P. longum und P. Cubeba liefern den weniger gebrauchten langen und den Cubebenpfeffer.

28. Fam. Ceratophylleae, Hornblattkräuter. Endl. 83.
und
29. Fam. Callitrichineae, Wassersterne. Endl. 84.

Wasserkräuter, schwimmend oder untergetaucht, mit gegenüberstehenden oder quirlförmigen Blättern, kleinen, achselständigen, unvollkommenen, monöcistischen Blüthen. Die Hornblattkräuter mit einblätterigem, 12theiligem Kelch, 12—20 Staubgefäßen, einem freien Stempel; die Wassersterne mit nackten Blüthen, 1—2 Staubgefäßen, 1—4 verwachsenen Fruchtknoten. Beide Familien bei uns. Technisch durchaus unwichtig.

30. Fam. Amentaceae, Kätzchentragende Pflanzen. Endl. 87—91, 98 und 99.

Bäume mit abfallenden, einfachen oder gelappten Blättern, hinfälligen Nebenblättern und kätzchenförmigem Blüthenstande. Die monöcischen oder diöcischen Blüthen haben einen oft regelmäßig gelappten Kelch, der bei den männlichen deutlicher ist, als bei den weiblichen, und bei letzteren mit der Frucht stehen bleibt. Früchte meist einsamig, ohne Eiweiß. Sie bilden Wälder in den gemäßigten Zonen.

1. Betulaceae, Birken. Eirunde oder elliptische Blätter; Blüthen monöcisch, die männlichen tragen an jeder gestielten Bractee 2 bis 3 Blüthen mit mehreren Staubgefäßen, die weiblichen eben so viele Fruchtknoten, deren jeder 2 Fächer mit einer Samenknospe hat.

In den Wäldern Europa's, Nord-Asien's, Nord-Amerika's und auf den Gebirgen Süd-Amerika's. Gutes Brennholz und Nutzholz; Birkenwein und Birkenbier aus dem durch Anbohren gewonnenen Birkensafte; durch Destillation der Rinde Birkentheer und Birkenöl (zur Bereitung des Juchten). Gattungen: Betula, Birke, Alnus, Erle, Else.

2. Cupuliferae, Eichelträger. Gezahnte, buchtige oder gelappte Blätter; monöcisch; männliche Kätzchen traubig, viele Staubgefäße über der gelappten Schuppe, oder in einem mehrtheiligen Kelche. Weibliche Schuppen einzeln, oder dicht gedrängt; nur die oberste trägt eine Blüthe, die übrigen bilden durch Verwachsung einen Fruchtbecher (cupula). Die weibliche Blüthe hat noch einen Kelch, der innig mit dem 2- oder mehrfächrigen Fruchtknoten verwachsen ist und als gezahnter Rand erscheint. Frucht eine holzige, durch Fehlschlagen mehrerer Samenkörner und Fächer meist einsamige Nuß, am Grunde umgeben oder ganz eingeschlossen von dem Fruchtbecher. Verbreitung die der Betulaceen.

Quercus Robur, Steineiche, in Europa zwischen 45 und 60° N., Holz zum Brennen und Bauen, Eicheln zur Viehmast, als Kaffesurrogat, Rinde zum Gerben. Man nennt das Abschälen der Rinde das Plätten, das übrigbleibende wenig brauchbare Holz: Plättholz. Man schält die Eiche nachdem sie im Saft im April oder Juni gefällt worden ist, weil sich dann die Rinde am leichtesten löst. Qu. pedunculata, Stieleiche, der vorigen in Eigenschaften und Benutzung gleich. Wenige Bäume beherbergen und ernähren eine so große Anzahl von Insecten, als die Eichen. Burgsdorf zählt 119 ihnen eigenthümliche Arten auf, unter denen Lucanus Cervus, der Hirschkäfer, Dermestes typographus, der Buchdrucker, Ptinus pertinax, der Bohrkäfer, mehrere Arten von Cuculio, Cerambyx und Scarabaeus, so wie eine Menge von Raupen und Schlupfwespen die schädlichsten sind. Mehrere Gattungen von Carabus, Erdkäfer, und Staphylinus, Raubkäfer, so wie Cynips vertilgen eine unbeschreibliche Masse der übrigen und sind somit für die Erhaltung der Eichen höchst wichtig. Qu. tinctoria, Färbereiche, Rinde zum Gerben und Gelbfärben als Quercitronholz. Qu. infectoria, Galläpfeleiche, Kleinasien, liefert die besten Galläpfel, entstanden durch den Stich der Cynips Gallae, einer Schlupfwespe. Auf der Qu. coccifera, Kermeseiche, in Süd-Europa findet sich Coccus Ilicis, die Kermesschildlaus, deren erbsengroße, rothe Weibchen als Kermeskörner gesammelt und zum Rothfärben benutzt werden. Qu. suber, Korkeiche, in Spanien, liefert in der schwammigen, alle 7 8 Jahre abgeschälten, angefeuchteten, gepreßten Rinde den Kork.

Castanea vesca, ächte Kastanie, in Süd-Europa und im Orient Wälder bildend, liefert die eßbaren Kastanien oder Maronen, aus denen im Süden auch Mehl und Zucker gemacht wird.

Fagus sylvatica, Rothbuche, in Nord-Europa, besonders Dänemark, bestes Brenn- und Schnitzholz; die Buchnüsse oder Buchecken zur Viehmastung und zum Bucheckeröl.

Carpinus Betulus, Hainbuche oder Weißbuche, Brenn- und Nutzholz, zu Hecken. Corylus Avellana, Haselstrauch, gibt die öligen Haselnüsse.

3. Salicineae, Weiden. Lange, drüsige Blätter; diöcisch; ein-

blüthige Schuppen; Staubgefäße 1 — 5 auf einer fleischigen Scheibe; Fruchtknoten 2 fächerig; zweiklappige vielsamige Kapsel; Samen mit Wolle. Bäume und Sträucher der kälteren Theile der nördlichen gemäßigten und kalten Zone; meist in Europa an Ufern und nassen Stellen.

Gattungen Salix, Weide, und Populus, Pappel, mit 140 Arten. Die Rinde enthält Gerbstoff und das bittere, heilsame, das Chinin ersetzende Salicin; die schlanken Zweige als Binde- und Flechtholz; die strauchartigen zur Befestigung der Dämme; als Brennholz wenig tauglich.

Es reihen sich hier an die weidenartigen die Amberbäume, Balsamifluae, deren einzige mexicanische Gattung Liquidambar styraciflua, Storaxbaum, durch Auskochen und trockene Destillation der zerschnittenen Zweige den flüssigen Storax, als Parfum liefert; — ferner die Ulmaceae, Ulmen, der nördlichen gemäßigten Zone, mit der Gattung Ulmus, Rüster, deren gerbstoffreiche und bittere Rinde in der Medicin, zum Gerben und Färben benutzt wird, deren Holz vortreffliches Nutz- und Brennholz ist; — endlich die Myriceae, mit der einzigen Gattung Myrica, Gagel, in der nördl. gemäßigten Zone, unter den Tropen auf Gebirgen, welche harzig, gewürzhaft, bitter adstringirend sind und aus den mit Wasser ausgekochten Früchten unserer einzigen Art, Myrica cerifera, ein grünes, wohlriechendes Wachs liefern.

Die Coniferen und die Amentaceen, namentlich von letzteren die Cupuliferen bilden im Wesentlichen den Bestand unserer Wälder, die früher in ungeheurer Ausdehnung Europa bedeckten. Zunehmende Bevölkerung rottete an vielen Stellen den Wald ganz aus, führte dadurch Mangel an Nutz- und Brennholz herbei, machte so die Wälder anderer Gegenden zum Gegenstande eines lebhaften Handelsverkehres und führte ihrer Erhaltung wegen zur Forstwirthschaft. In Frankreich und Spanien sind während der fortwährenden Kriege die früher herrlichen Wälder fast gänzlich gelichtet worden, so daß jährlich große Summen für Holz in das Ausland gehen. Dasselbe gilt von England, dessen Wälder einem ausgedehnten Ackerbaue weichen mußten, und das zwar in seinen Steinkohlen überflüssigen Ersatz an Brennmaterial hat, Nutzholz jedoch ebenfalls einführen muß. In Rußland ist etwa $^2/_3$, in Würtemberg, Oestreich und Scandinavien $^1/_3$, in Preußen $^1/_4$ des Areales zur Forstcultur benutzt, und diese Länder decken den Mangel der übrigen an Kiefernholz. Eichenholz zum Schiffbau liefern namentlich Preußen und Canada. Letzteres ist an Güte geringer. Andere Hölzer dieser Familien werden weniger ausgeführt.

31. Fam. Urticaceae, Nesselpflanzen. Endl. 92—97.

Bäume, Sträucher oder Kräuter mit abwechselnden oder gegenüberstehenden ganzen oder getheilten Blättern und 2 Afterblättchen. — Blüthen achselständig in Rispen, Aehren oder Kätzchen, selten einzeln, immer von Deckblättern begleitet. Bei Ficus stehen sie auf der Innenseite eines dicken, ausgehöhlten, birnförmigen Fruchtbodens, der später fleischig und saftig wird, und die kleinen Früchte einschließt. — Meist

ein- oder zweihäusig, selten zwitterig; Kelch 4 oder 5 (3) theilig, oder in den weiblichen Blüthen ganz fehlend. — Staubgefäße frei, im Grunde der Blüthe, meist 4 oder 5. — Fruchtknoten frei, mit kurzem oder fehlendem Griffel und ungetheilter oder zwei- und mehrspaltiger, glatter oder zottiger Narbe. Frucht eine Nuß mit einem verschieden befestigten Samen. Embryo gerade oder gekrümmt, mit Eiweiß. Eine große, weit über die Erde verbreitete Familie, von etwa 700 Arten in 34—39 Gattungen, meist Milchsaft führend.

1. Moreae, Maulbeerbäume, fleischige, oft eßbare Früchte, die theils aus vielen einsamigen verwachsenen Beeren, theils aus dem verdickten Fruchtknoten bestehen.

Sie besitzen einen mitunter höchst giftigen, an Caoutschuk reichen Milchsaft, der in anderen Fällen wässerig und mild ist und genossen werden kann. Viele liefern ein feines Bast zu Geweben; mehrere einen gelben Farbstoff. Die meisten sind tropisch.

Morus, der Maulbeerbaum, höchst nutzbar in seinen verschiedenen Arten. M. alba, der weiße Maulbeerbaum, der wichtigste von allen, liefert das durch Nichts ersetzbare Futter der Seidenraupen; M. nigra, der schwarze Maulbeerbaum, mit eßbaren Beeren und bitterer, scharfer, purgirender Rinde, einem Mittel gegen den Bandwurm; M. papyrifera, Papiermaulbeerbaum, dessen feinfaseriger Bast zur Verfertigung des chinesischen Papieres und mancher Zeuge gebraucht wird; endlich M. tinctoria, färbender Maulbeerbaum, gibt gelbes Fustickholz, Gelbholz oder gelbes Brasilienholz.

Ficus, Feigenbaum, in vielen Arten, liefert von F. carica, dem gemeinen Feigenbaum, jährlich 2mal die Feigen, gewöhnliches Nahrungsmittel der Südländer in verschiedenartiger Zubereitung, im Handel nur getrocknet, als smyrnaische, genueser und marseiller Feigen; von F. Sycomorus, der Sycomore, Holz zu den fast unverweslichen Särgen der ägyptischen Mumien; von F. elastica, religiosa, indica und anderen Caoutschuk und von den beiden letzteren durch den Stich der Lakschildlaus, Coccus Lacca, den Gummilak oder Schellak und Lak-Dye, einen dem Carmin ähnlichen Farbstoff. Außer den genannten Ficus-Arten liefern noch eine Menge anderer Pflanzen Gummilak, und sehr viele tropische Pflanzen aus ihren Milchsäften Caoutschuk.

Galactodendron utile, Milchbaum, auf Felsen in Süd-Amerika, enthält eine sehr gute, der Kuhmilch nicht nachstehende Milch, die nach Einschnitten in die Rinde ausfließt, und mit Maysbrod genossen, auch für sich getrunken wird. Aus der durch Kochen gerinnenden Milch scheidet sich gelbweißes, sehr gutes Wachs zu Kerzen ab.

Artocarpus incisa, Brodfruchtbaum, auf den Südseeinseln in vielen Abarten cultivirt, gibt die 3—4 Pfd. schwere, innen anfangs weiße und mehlige, später gelbe und saftige Brodfrucht, Hauptnahrungsmittel der Indianer. Halbreif in Scheiben geschnitten und geröstet, oder geknetet, gesäuert und wie Brod verbacken. Zwei bis drei Stämme ernähren einen Menschen.

Neben diesen nutzbaren Gewächsen bietet die Familie aber auch: Antiaris Toxicaria, auf den Philippinen und Molukken unter dem Namen Antjar oder Pohon Upas berüchtigt, aus deren Milchsaft die kriegerischen Drepacken unter Zusatz von verschiedenen, namentlich den Zingiberaceen entnommenen Gewürzen mit großer Kunst ein Gift, Sompt, bereiten, mit dem sie ihre todtbringenden Pfeile vergiften, dessen innerer Gebrauch aber selten tödtlich wirkt. Es wird oft verwechselt mit dem Upas Ratja oder Upas Tjettek, einem aus der Wurzelrinde von Strychnos Tieute bereiteten furchtbaren Gifte, welches in wenigen Minuten durch Lähmung des ganzen Nervensystemes tödtet. Ein ähnliches, aber viel schwächeres Gift, Wurali oder Curare bereiten die Eingeborenen am Orinoko und auf Surinam von anderen Strychnos-Arten, gemischt mit Piper und anderen scharfen Pflanzen, sowie die Karaiben aus dem Milchsafte der Hippomane Mancinella, einer Euphorbiacee im heißen Amerika, deren sämmtliche Theile giftig sind, ja deren Ausdünstung sogar schaden soll.

2. Urticeae, Nesseln; Kräuter oder Sträucher mit trockenen Nüßchen, geradem oder gekrümmtem Embryo. Die Blätter oft mit Brennborsten besetzt, die Bastfasern oft so zähe, daß man sie mit Glück zu Stricken verarbeitet.

Urtica, die Brenn-Nessel, liefert Nesselgarn; die Drüsen auf Blättern und Stengeln enthalten einen scharfen ätzenden Saft, dessen unangenehme Wirkungen durch Einreiben von Salmiakgeist schnell beseitigt werden. Humulus Lupulus, Hopfen, im Großen der zapfenartigen Kätzchen wegen gebaut, an deren einzelnen Schuppen das gewürzige bittere Hopfenmehl, Lupulin, sitzt, welches im Biere durch nichts Anderes vollkommen ersetzt werden kann. Cannabis sativa, Hanf, seit den ältesten Zeiten aus Süd-Asien nach Europa eingeführt und der Bastfasern wegen gebaut, die das Hanfgarn liefern, sowie wegen der öligen Früchte; im Oriente wegen eines opiumartigen Stoffes zu berauschenden Getränken benutzt. Den meisten Hanf baut Rußland, und führt davon an 150 Mill. Pfund jährlich aus.

An die Urticaceen schließen sich die Plataneae, Platanen, schöne Bäume, die aus dem wärmeren Asien schon im Alterthume nach Europa als Zierbäume eingeführt wurden.

Es ist nur eine Gattung: Platanus, Platane.

32. Fam. Chenopodeae, Melden. Endl. 101.

Krautartige Pflanzen oder Halbsträucher, meist Unkräuter, die sich überall außerhalb der Tropen, vorzüglich gern aber in salzhaltigem Boden finden, daher namentlich im nördlichen Asien und an dem Meeresstrande von Europa. Die unscheinbaren, oft polygamischen Blüthen haben einen oft fünftheiligen Kelch, in dessen Grunde 2 oder 5 Staubgefäße sitzen; ein einfacher Griffel mit mehreren Narben und einer aufrechten Samenknospe. Frucht ein Nüßchen, selten eine Beere, vom Kelche umgeben. Der Embryo um das mehlige Eiweiß gekrümmt, oder, wenn dies fehlt, spiralig gewunden. Ueber 300 Arten, in etwa 40 Gattungen.

Reich an Natronsalzen, liefern viele Steppen- und Strandpflanzen dieser Familie beim Verbrennen aus ihrer Asche die Soda, und werden wie Salicornia, Glasschmalz, und Salsola, Salzkraut, deswegen in Spanien und Frankreich cultivirt, getrocknet und in Gruben verbrannt. Die beste Soda von Alicante, mit 25—30 pCt. kohlensaurem Natron heißt Barilla, ihr zunächst steht die Rochetta aus Alexandria und Salicor aus dem südlichen Frankreich mit 14—15 pCt. — Andere liefern aus ihren Blättern gutes Gemüse, wie Blitum capitatum, der Erdbeerspinat, Spinacia oleracea, Spinat, und viele Arten von Chenopodium, Gänsefuß, und Atriplex, Melde, oder ersetzen durch ihren mehligen Samen das Getreide wie Chenop. Quinoa in Peru. Die Wurzel von Beta vulgaris und B. Cicla, weißer und rother Mangold, Runkelrübe, Zuckerrübe oder Bete, sind theils Gemüse, namentlich in Essig eingemacht, theils werden sie durch ihren Zuckergehalt wichtig und können mit dem Colonialzucker dreist in die Schranken treten, vermögen jedoch, gedörrt, gemahlen und gekocht, den Kaffe nur der Farbe nach zu ersetzen.

Von den Chenopodiaceen fast nur durch die oft gefärbten Kelche und verlängerten gefärbten Bracteen zu unterscheiden sind die Fuchsschwanzpflanzen, Amarantaceae, Endl. 102, die meist der heißen Zone angehörig, bei uns nur in wenigen Arten als lästige Unkräuter vorkommen, oder als Zierpflanzen in Gärten (Celosia, Hahnenkamm, Gomphrena, Kugelamarant, Amarantus, Fuchsschwanz) gezogen werden.

Die kleine Familie der Kermespflanzen, Phytolacceae, Endl. 201, unterscheidet sich von den Chenopodiaceen durch vielfächerigen Fruchtknoten und die mit den Kelchlappen abwechselnden zahlreichen Staubgefäße. Phytolacca decandra wird des rothen Farbstoffes wegen gepflanzt und liefert die Kermesbeeren.

33. Fam. Polygoneae, Knöterichpflanzen. Endl. 103.

Kräuter oder Stauden mit knotigem Stengel, abwechselnden Blättern und scheidenartig verwachsenen Nebenblättchen (ochrea). Blüthen in Aehren oder Trauben; Kelch 4—6theilig, oft stehenbleibend, meist bunt, 4—9 Staubgefäße im Grunde desselben; ein Fruchtknoten mit 2—3 Narben bildet sich zur einsamigen, meist dreieckigen Nuß aus. Der Embryo umgekehrt, oft mit gewundenen Cotyledonen, liegt im Eiweiß oder umgibt dasselbe.

340 Arten in 20 Gattungen über alle Zonen und Welttheile verbreitet, jedoch am häufigsten in den wärmeren Theilen der nördlich gemäßigten Zone; die meisten in Asien. Sie enthalten fast alle viel Kleesalz und zusammenziehende Stoffe, namentlich Rumex acetosa, Sauer-Ampfer, daher säuerlich, kühlend und antiscorbutisch, als Gemüse und zur Gewinnung des Kleesalzes benutzt; manche in ihren Wurzeln einen eigenthümlich widrigen, bitteren, purgirenden, gelbfärbenden Stoff, das Rhein, welches in allen Rhabarber-Arten den Hauptbestandtheil bildet. Der ächte kommt von Rheum Emodi, aus der Bucharei und China durch russischen Handel eingeführt, aber durch geringere Sorten oft verfälscht. Die Samen aller Knö-

terichpflanzen sind mehlreich, und bilden von Polygonum Fagopyrum, dem aus dem mittleren Asien zur Zeit der Kreuzzüge eingeführten Buchweizen, in manchen Gegenden Europa's Hauptnahrungsmittel. Pol. tinctorium, färbender Knöterich, wird wegen eines aus den Blättern gewonnenen indigoartigen Farbstoffes cultivirt.

34. Fam. Laurineae, Lorbeerbäume. Endl. 106.

Schöne Bäume mit abwechselnden, meist ganzrandigen, lederartigen, immergrünen Blättern ohne Nebenblätter. Blüthen regelmäßig, zwitterig oder monöcisch, in Trauben, Rispen, Scheindolden, Büscheln oder Dolden. Kelch gefärbt, einblätterig, 4 — 6 spaltig. Staubgefäße 8 — 12, mit der Kelchröhre verwachsen, in 2 Reihen, deren innere oft fehlschlägt. Antheren 2- oder 4fächerig, von unten nach oben klappenartig aufspringend; am Grunde der Staubfäden drüsenartige Anhänge. Fruchtknoten frei, mit einfachem Griffel und stumpfer Narbe. Frucht eine einsamige Beere oder Steinfrucht, oft vom Kelche begleitet. Samen eiweißlos, Embryo gerade.

Die 250 Arten in etwa 44 Gattungen mit wenigen Ausnahmen in den Tropenländern Asien's und Amerika's, enthalten sämmtlich in allen Theilen ein ätherisches Oel, welches oft fest als Kampher auftritt; außerdem ein fettes Oel und einen krystallisirbaren Stoff, Laurin, in den Samen; sind daher als Arznei- und Gewürzpflanzen wichtig für den Handel.

Laurus nobilis, Lorbeerbaum, aus dem Oriente stammend, aber am ganzen Mittelmeere cultivirt und verwildert, in der griechischen Mythe dem Apollo geweiht, schmückte die Stirn der siegenden Helden und Priester, aber auch der Todten und ist noch jetzt Sinnbild des Ruhmes. Seine Beeren in der Medicin, seine Blätter nur noch als Küchengewürz gebraucht. Persea Cinnamomum, Zimmtbaum, auf Ceylon cultivirte Wälder bildend, liefert aus der vom Mai bis October abgeschälten, dann getrockneten, papierdicken, inneren Rinde 3 — 5jähriger Zweige den Zimmt, von dem Ceylon allein jährlich 40,000 Centner ausführt, aus den Abfällen das kostbare (das Loth 4 — 5 Thlr.) Zimmtöl, aus den Blättern das Nelkenöl. Das Zimmtdepartement auf Ceylon ist in 4 große Gärten eingetheilt, die zur Schälzeit an 26,000 Arbeiter beschäftigen. — Persea Camphora, Kampherbaum, in China und Japan, liefert aus dem klein geschnittenen Holze des Stammes oder besser noch der Wurzel den schmutzig braunen Rohkampher, der durch nochmaliges Sublimiren rein und weiß erhalten wird. Persea Cassia gibt den etwas herberen viel gebrauchten Cassienzimmt. Andere Arten liefern ähnliche Stoffe, die mehr oder minder gewürzhaft sind, und meist nicht mehr in den europäischen Handel kommen.

35. Fam. Daphnoideae, Seidelbastpflanzen. Endl. 109.

Bäume und Sträucher mit wechsel- oder gegenständigen, einfachen und ganzrandigen, nebenblattlosen Blättern. Zwitterige oder (zuweilen) zweihäusige, regelmäßige, winkel- oder gipfelständige Blüthen in Büscheln, Aehren oder Köpfchen. Kelch 4theilig, Krone fehlend. Staubgefäße 8, selten 4 oder 2. Ein einfächeriger, schiefer Fruchtknoten, mit einer hängenden Samenknospe und einem Griffel mit kopfförmiger Narbe. Frucht einsamig, mit trockenem Pericarpium aber vom fleischig gewordenen Kelche umhüllt. Samen ohne oder mit dünnem Eiweiß. Keim gerade, Würzelchen nach oben.

Die 180 Arten in 15 Gattungen sind über die wärmeren Theile beider gemäßigten Zonen vertheilt, vorherrschend jedoch am Cap und in Neu-Holland. Die oft schönen Blüthen haben einen angenehmen aber betäubenden Geruch; die Rinde mehrerer Arten dient zum Gelbfärben und in der Medicin. Durch ein scharfes Harz sind sie sämmtlich ätzend und giftig; so namentlich Daphne Mezereum, Kellerhals oder Seidelbast, deren sehr giftige Beeren zur Verfälschung des Essigs dienen, während die Rinde blasenziehend wirkt, aber auch zur Verfertigung von Papier und Stricken verwendet wird.

In die verwandte Familie der Silberbäume, Elaeagneae, Endl. 111, gehören Elaeagnus angustifolius, Oelweide, und Hippophaë rhamnoides, Sanddorn, beide zu Drechslerarbeiten verwendet, in die ebenfalls verwandte, am Cap, in Neuholland und Nord-Amerika vorkommende, bei uns nur durch Thesium, Leinblatt, vertretene Familie der Sandelhölzer, Santalaceae, Endl. 108. Santalum album, von welchem das zum Räuchern und zu Drechslerwaaren gebrauchte Sandelholz kommt. Der Splint liefert das weiße, der Kern das gelbe Sandelholz; das rothe stammt aus einer anderen Familie.

36. Fam. Aristolochieae, Osterluzeigewächse. Endl. 114.

Kräuter und zum Theil kletternde Sträucher mit großen rundlichen Blättern und meist mit Nebenblättern. Der röhrenförmige Kelch ist mit dem Fruchtknoten verwachsen, schief abgestutzt oder dreitheilig. Die Blumenkrone fehlt. Staubgefäße 6—12, auf dem 3—6fächerigen Fruchtknoten, bisweilen mit dem Griffel verwachsen. Frucht eine 3 bis 6fächerige, vielsamige Kapsel oder Beere. Das große Eiweiß umschließt den kleinen Embryo.

Etwa 80 Arten in 7 Gattungen in den heißen und gemäßigten Zonen, namentlich im heißen Amerika. Sie enthalten ein ätherisches Oel und sind deswegen in den Tropen gegen den Biß giftiger Schlangen geschätzt. Die zerquetschten Blätter unserer gemeinen Osterluzei, Aristolochia Clematitis, werden als Hausmittel bei Wunden, aber auch in der Thierarzneikunde gebraucht. Immer aber möchte ihre Anwendung gefährlich sein, da sie Orfila, nach an Hunden angestellten Versuchen, für betäubend scharf erklärt. Ar. Sipho, wegen seiner Blüthen Pfeifenstrauch genannt, eignet sich mit seinen schönen großen Blättern ganz vorzüglich zu Lauben. Asarum europaeum, Haselwurz, wird wegen seiner brechenerregenden und purgirenden Eigenschaften den Giftpflanzen zugezählt.

37. Fam. Plantagineae, Wegekräuter. Endl. 116.

Stengellose Kräuter mit ganzen oder gezähnten, selten halbwalzenförmigen Wurzelblättern. Blüthen sitzend, zwitterig, selten (Limosella, Ufer-Strandling) monöcisch; in Aehren mit Bracteen; Kelch 4theilig, bleibend, ebenso die trockene Krone; Staubgefäße 4; freier, 2—4fächeriger Fruchtknoten. Ein haarförmiger Griffel mit pfriemförmiger Narbe. Frucht ein einsamiges Nüßchen oder eine umschnittene, 2 bis mehrsamige Kapsel. Die Samen eiweißhaltig, mit gegenläufigem Embryo.

Die 150 Arten in 3 Gattungen über die gemäßigten Climate aller Welttheile verbreitet, namentlich am Mittelmeere. Sie enthalten in Blättern und Wurzeln bittere, abstringirende Stoffe und viele Natronsalze und sind deshalb zur Bereitung der Soda, sowie die schleimigen Samen von Plantago Psyllium unter dem Namen Flöhsamen in Seiden- und Kattundruckereien wichtig. Die frischen Blätter von Plantago major, Wegerich oder Wegebreit, sind gegen Wunden ein brauchbares Hausmittel.

Zu der verwandten unbedeutenden Familie der Plumbagineae, Bleiwurzpflanzen, Endl. 117, gehört unsere Grasnelke, Armeria vulgaris, die zur Einfassung der Beete in Gärten dient.

38. Fam. Valerianeae, Baldrianpflanzen. Endl. 118.

Kräuter oder Stauden mit ganzen oder fiedertheiligen, gegenständigen Blättern. Die zwitterigen, selten diöcischen Blüthen gipfel- oder blattwinkelständig, in wiederholt gabeltheiligen Trugdolden oder Knäueln. Kelch mit dem Fruchtknoten verwachsen, Saum 3—4zähnig oder (scheinbar) ganz, eingerollt, zuletzt vergrößert zur federigen Fruchtkrone. Blumenkrone auf dem Kelche stehend, röhrig, 5-, selten 3—4theilig, oft unregelmäßig und am Grunde mit einem Höcker oder Sporn versehen. Staubgefäße 5—1. Fruchtknoten dreifächerig, mit 2 leeren, meist kleineren Fächern und einem Griffel mit 1 oder 3 Narben, wird zur dreifächerigen nußartigen Frucht, die in dem einen fruchtbaren Fache einen einzigen eiweißlosen Samen mit geradem Embryo hat.

Die 140 Arten in 10 — 12 Gattungen in der nördlichen gemäßigten Zone, vorzüglich am Mittelmeere, einige in Süd-Amerika. Die durch ätherisches Oel aromatischen Wurzeln von Valeriana officinalis, Baldrian oder Katzenwurzel, sind heilkräftig; die Blätter von Valerianella olitoria, Rapünzchen, werden als Salat gebraucht.

39. Fam. Dipsaceae, Kardenpflanzen. Endl. 119.

Krautartige, selten strauchartige Pflanzen, mit gegenüberstehenden, zuweilen quirlförmigen, getheilten Blättern, ohne Nebenblätter. Blüthen in Köpfchen, am Grunde von einer vielblätterigen Hülle umgeben, blühen bald vom Umfang gegen die Mitte, bald umgekehrt auf. Jede Blüthe ist am Grunde noch von einem besonderen kelchartigen, einblätterigen, oben verengerten, verschiedentlich geformten Hüllchen umgeben. Der eigentliche Kelch mit dem Fruchtknoten innig verwachsen: der Rand bald wulstig eingerollt, bald ganzrandig, oder gezahnt oder borstenförmig. Blumenkrone einblätterig, röhrig, regelmäßig 4—5 theilig, oder zuweilen unregelmäßig zweilippig und am Grunde höckerig. Staubgefäße 1 — 5, meist aber 4, auf der Blumenkrone befestigt. Fruchtknoten mit dem Kelche verwachsen, einfächerig, mit einer hängenden Samenknospe. Griffel und Narbe einfach. Nüßchen vom Kelche gekrönt und von dem besonderen Hüllchen umgeben. Embryo gerade, in einem häutigen Eiweißkörper, das Würzelchen nach oben.

Unter den 123 Arten in 7 Gattungen, die meist Süd-Europa und Asien angehören, sind viele schön blühende, sehr wenige sind technisch oder medicinisch wichtig. Die reifen, bürstenartigen Blüthenstände der deshalb vorzüglich in Baiern cultivirten Weberkarde oder Kardendistel, Dipsacus Fullonum, werden von Webern, Tuchmachern und Strumpfwirkern gebraucht; manche Arten von Scabiosa, Scabiose, sind Hausmittel, oder der schönen Blumen wegen (Scab. atropurpurea) Zierpflanzen der Gärten.

Die verwandte Familie der Kugelblüther, Globularineae, Endl. 139, unterscheidet sich namentlich durch den zweifächerigen Fruchtknoten und enthält nur die einzige Gattung Globularia, Kugelblume.

40. Fam. Compositae, Korbblüther. Endl. 120.

Kräuter, Sträucher, selten Bäume mit abwechselnden oder gegenständigen einfachen Blättern, ohne Nebenblätter. Blüthen zwitterig oder diclinisch, in ein Köpfchen, calathidium, vereinigt, zuweilen jede von einer Spreuschuppe, palea, gestützt, immer aber alle zusammen von der dachziegelartigen Hülle, involucrum, umgeben, deren Schuppen an Gestalt verschieden sind. Blüthen auf dem gemeinschaftlichen Blüthenboden, receptaculum, dicht zusammengestellt. Dieser an Gestalt verschieden; die Blüthen entweder in Gruben oder auf Wärzchen stehend. Kelch innig mit dem Fruchtknoten verwachsen, sein Saum in Borsten, Haare, Federchen oder Schuppen endend, selten ungetheilt oder fehlend. Die Krone, auf dem Fruchtknoten stehend, unten röhrig, ist entweder nach oben glockig erweitert und 5spaltig, oder bleibt eine dünne, oben fünfzähnige Röhre, oder bildet eine zungenförmige Blüthe. Fünf Staubgefäße, deren Staubfäden frei auf der Röhre der Blumenkrone stehen, deren Antheren in eine Röhre verwachsen sind. Der Fruchtknoten einfächerig, mit einer aufrechten Samenknospe; Griffel auf dem epigynischen Diskus entspringend, unten oft angeschwollen, endet in die nach den Gruppen verschiedene Narbe. Die verschiedenformige, nußartige, einsamige Frucht ist mit dem stehenbleibenden Kelche, pappus, Federkrone, gekrönt, der bald gleich auf dem Kelche befestigt ist, bald unten verengt und oben ausgebreitet, oder wie man es unrichtig nennt, gestielt; zuweilen fehlend. Die Gestalt des pappus verschieden nach den Gattungen. Der Samen hat kein Albumen, der Embryo ist gerade, rechtläufig.

1. Eupatoriaceae, Wasserhanfblüthler. Sträucher und Kräuter mit meist quirlförmigen Blättern, Körbchen doldentraubig oder rispig. Alle Blüthen röhrig, zwitterig, selten die inneren zwitterig, die äußeren weiblich, zungenförmig. Griffel mit meist sehr langen und kolbigen, außen weichhaarigen oder weichwarzigen Zipfeln.

Bei uns Eupatorium cannabinum, Wasserhanf, Wasserdosten, officinell; Tussilago, Huflattig; die übrigen meist im tropischen Amerika.

2. Asteroideae, Asterblüthler. Sträucher und Kräuter mit abwechselnden, ganzen oder getheilten Blättern. Zwitterige, röhrenförmige oder glockenförmige Scheibenblüthen, weibliche oder geschlechtslose, zungenförmige Randblüthen; Schenkel des Griffels lang linearisch, gradlinig zugespitzt, selten stumpf, verbreitert und zugespitzt, außen oben flaumhaarig. Ueber die ganze Erde verbreitet, vorzüglich aber in Amerika.

Die Gattungen Solidago, Goldruthe, Erigeron, Berufkraut, Aster, Aster, Bellis, Gänseblümchen, Chrysocoma, Goldhaar, Inula, Alant, Georgina, Georgine, gehören hierher.

3. Senecionideae, Kreuzkrautblüthler. Kräuter oder kleine Sträucher meist mit abwechselnden, selten gegenständigen, sehr verschieden geformten Blättern. Körbchen und Blumenkronen wie vorher. Schenkel des Griffels lang, schmal, oben verbreitert und bloß am Ende pinselförmig oder lang zulaufend, außen papillös.

Gattungen: Xanthium, Klette, Zinnia, Zinnie, Helianthus, Sonnenblume, Bidens, Zweizahn, Tagetes, Sammetblume, Anthemis, röm. Kamille, Matricaria Chamomilla, gemeine Kamille, Achillea Millefolium, Schafgarbe, Chrysanthemum, Wucherblume, Pyretrum Parthenium, Bertramswurz, Artemisia Absinthium, Wermuth, Art. vulgaris, Beifuß, Gnaphalium, Ruhrkraut, Immortelle, Arnica montana, Wohlverlei, Senecio, Kreuzkraut.

4. Cynareae, Distelblüthler. Kräuter oder Sträucher aller Zonen mit oft stachligen Blättern und Hüllblättchen. Blüthenkörbchen meist gleichgeschlechtlich, oft zweihäusig; bei den ungleichgeschlechtlichen eine einfache Reihe weiblicher, selten männlicher Blüthen am Rande; Blumenkrone der Zwitterblüthen regelmäßig, deren Griffel nach oben knotig verdickt, und daselbst, wie an der äußeren Seite der kurzen an einander gelegten Schenkel flaumhaarig, die untersten Haare kronenartig die Verdickung umgebend.

Gattungen: Serratula, Scharte, Centaurea, Flockenblume, Cent. Cyanus, Kornblume, Carthamus, Saflor, Cynara Scolymus, Artischocke, Cirsium, Kratzdistel, Carduus, Distel, Cnicus, Heildistel, Carlina, Sanddistel, Echinops, Kugeldistel, Xeranthemum, Papierblume, Calendula, Ringelblume.

5. Cichoraceae, Zungenblüthler. Milchige, krautartige Pflanzen mit abwechselnden Blättern und meist gelben Blüthen, die sich ziemlich regelmäßig zu gewissen Tagesstunden öffnen und schließen. Körbchen gleichblumig, aber strahlend, immer Zwitterblüthen; Blumenkrone zungenförmig, fünfzahnig. Griffel nach oben walzig, gleichförmig flaumhaarig, ebenso die Schenkel. Meist europäisch.

Gattungen: Cichorium Intybus, Cichorie, Wegewarte, Tragopogon, Bocksbart, Scorzonera, Haferwurz, Lactuca, Lattich, Leontodon, Löwenzahn, Crepis, Pippau, Sonchus, Gänsedistel, Hieracium, Habichtskraut.

Die größte Pflanzenfamilie, umfaßt $^1/_{10}$ aller bekannten Gewächse, über 9000 Arten in etwa 1000 Gattungen. Ueber alle Welttheile und Zonen verbreitet, von den Polen gegen die Wendekreise hin zunehmend, von da zum Aequator wieder abnehmend, am zahlreichsten zwischen 30 und 50° N.

Im Vergleich zu ihrem Umfang ist die Familie technisch und medicinisch sehr untergeordnet. Ein bitterer Extractivstoff in den meisten, ein bedeutender Gehalt an ätherischen Oelen in den Senecionideen, ein bitterer, oft narkotisch giftiger Milchsaft in den Cichoraceen sind die hervortretendsten Stoffe. Manche, wie Scharte und Saflor durch rothen oder gelben Farbstoff, oder, wie die gemeine Sonnenblume, durch ein fettes Oel der Samen nutzbar, einige sind Nahrungsmittel für den Menschen, wie Artischocke, Salat, Cichorien, der zugleich Kaffesurrogat liefert, Haferwurz, knollige Sonnenblume u. s. w., viele durch Wurzeln oder Blüthen medicinisch, wie Klette, Sanddistel, Cichorien, Haferwurz, Giftlattich, Löwenzahn, Wasserhanf, Huflattich, Alant, römische und gemeine Kamille, Schafgarbe, Bertramswurz, Wohlverlei und Andere. Sehr viele sind schönblühende Zierpflanzen, die bis zum Herbste unsere Gärten schmücken.

41. Fam. Campanulaceae, Glockenblumen. Endl. 125.

Kräuter oder Stauden, selten Sträucher mit abwechselnden, selten gegenüberstehenden, einfachen, ganzen oder getheilten Blättern, ohne Nebenblätter. Blüthen in Aehren oder Trauben mehr oder weniger zusammengedrängt, zwitterig, meist blau oder weiß, selten gelb oder purpurfarben. Kelch mit dem Fruchtknoten verwachsen, 5-, selten 3 bis 8theilig, regelmäßig, bleibend, sehr selten fehlend. Blumenkrone einblätterig, auf dem Kelche befestigt, und diesem in der Anzahl der Theile gleich, regelmäßig glockenförmig oder (Lobelia, Jasione) unregelmäßig, welkend. Staubgefäße eben so viele, an der Mündung des Kelches befestigt, aber getrennt von der Krone, mit deren Lappen sie abwechseln; die Staubfäden am Grunde oft verbreitert und den unteren Theil des Griffels umgebend; die Antheren frei, bei Jasione und Lobelia in eine Röhre verwachsen. Fruchtknoten mit dem Kelche verwachsen, meist 2 bis 3fächerig, vielsamig, mit einfachem, behaartem Griffel und nackter, einfacher oder gelappter Narbe. Frucht eine von dem Kelche und der welken Blume gekrönte Kapsel, die durch Löcher oder Klappen aufspringt. Samenkörner zahlreich an der Achse befestigt. Embryo gerade, rechtläufig, in der Mitte des fleischigen Eiweißkörpers.

Von den beiden Gruppen Campanuleae und Lobelieae, sind die ersteren mit 430 Arten namentlich in der nördlichen gemäßigten Zone zu Hause. Sie enthalten einen zwar scharfen, bitteren, jedoch unschädlichen Milchsaft, und oft fleischige, als Gemüse gegessene Wurzeln und Blätter, wie namentlich manche Arten von Campanula, Glockenblume, und Phyteuma, Rapunzel; die meisten sind durch ihre prächtigen weißen oder blauen Blumen eine wahre Zierde unserer Wälder und Wiesen. Die Lobelieae, Kräuter oder Halbsträucher in 350 Arten, wachsen meist auf tropischen Gebirgen und sind durch ihren scharfen Milchsaft verdächtig, viele aber, wie z. B. Lobelia urens, brennende Lobelie, erwiesen höchst giftig. Zierpflanzen unserer Gärten, Arzneipflanzen in ihrem Vaterlande. Siphocampylus Caoutchouk, Kautschukbaum, ein 12—18′ hoher Baum auf den Anden Columbien's, liefert das in Quito verkäufliche Kautschuk.

42. Fam. Rubiaceae, Färberrötheblüthler. Endl. 126.

Bäume, Sträucher oder Kräuter mit gegenüberstehenden oder quirlförmigen, einfachen, ungetheilten ganzrandigen Blättern und Nebenblättchen, die in der Gruppe der Stellatae ganz fehlen. Blüthen blattwinkel- oder gipfelständig, gewöhnlich Zwitter, selten eingeschlechtlich. Kelch innig mit dem Fruchtknoten verwachsen, der Rand ganz oder getheilt. Die Blumenkrone einblätterig, epigynisch, am Rande meist 4- oder 5theilig und regelmäßig. Staubgefäße 4 oder 5 (3, 6, 8) auf der Blumenkrone befestigt. Fruchtknoten ein unterer, 2- selten mehrfächerig, mit einer napfförmigen, fleischigen Scheibe gekrönt und einem einfachen, zuweilen zweitheiligen Griffel mit einfachen oder gelappten Narben. Die Samenknospen einzeln oder mehrere und dann am Centralsamenträger befestigt. Frucht eine Beere, Kapsel oder Steinbeere, zwei- oder mehrfächerig. Die Fächer ein- oder mehrsamig. Hornartiges oder fleischiges Eiweiß umgibt den kleinen Embryo.

Von den 7 Gruppen dieser Familie findet sich bei uns nur die der:

Galieae oder Stellatae, Labkrautblüthler oder Sternblättler. Krautartige Pflanzen mit kantigem Stengel, sternförmig gestellten Blättern, ohne Nebenblätter, zweitheiligem Griffel mit einfacher Narbe. Frucht 2 verwachsene Nüßchen oder einsamige Beeren.

Viele hierher gehörige Pflanzen reich an rothem und gelbem Farbstoffe in Wurzeln und Blüthen, der namentlich von der cultivirten Färberröthe oder Krapp, Rubia tinctorum im Großen genutzt wird, und sogar stark genug ist, um die Knochen der Thiere, die davon fraßen, roth zu färben. Den meisten und besten Krapp liefert die Levante, wo auch die „türkischroth Färberei“ in einer noch unerreichten Vollkommenheit betrieben wird; nächstdem Frankreich, wo allein das Departement Vaucluse jährlich für 4½ Mill. Thlr. liefert. England braucht davon jährlich über 90,000 Ctr., den Centner durchschnittlich zu 9 Thlr. Die Galium-Arten, Labkräuter genannt, von ihrer Eigenschaft die Milch zum Gerinnen zu bringen, enthalten ebenfalls sämmtlich, wie auch Asperula tinctoria, färbender Waldmeister, in ihren Wurzeln rothen, einige auch in den Blüthen gelben Farbstoff, der benutzt wird. Asperula odorata, wohlriechender Waldmeister, wird zum Maitrank genommen.

Viel wichtiger sind die übrigen ausschließlich tropischen Gruppen. Wenige von ihnen besitzen zwar eßbare Früchte und Samen, dagegen finden sich in Rinde und Wurzeln vieler Arten theils bittere und abstringirende, theils brechenerregende oder Farbstoffe.

Coffeaceae, Kaffeblüthler. Bäume oder Sträucher mit immergrünen, schönen, gegenüberstehenden Blättern und Nebenblättern zwischen den Blattstielen. Frucht eine Steinbeere mit 2, selten 3 oder 4 einsamigen Steinchen. Samen auf dem Rücken gewölbt, vorn flach mit einer Mittelfurche. Eiweiß hornartig.

Coffea arabica, Kaffebaum, 15—40′ hoch, weiße wohlriechende Blüthen mit 5 Staubgefäßen, dunkelkirschrothe Beeren. Auf den Gebirgen in Yemen und Aethiopien einheimisch, und von dort über alle Tropenländer verbreitet, sogar bis 36″ N., wo er nur noch eine mittlere Temperatur von $19\frac{1}{2}$—20° findet. Er liebt einen feuchten, beschatteten Boden. Hauptausfuhr aus: Brasilien 42,000 Tonnen, Westindien 69,000 Tonnen, Java 18,000 Tonnen, Arabien 10,000 Tonnen, jede zu $19\frac{2}{3}$ Ctr., wovon Europa allein (die Niederlande stehen mit 42,000 Tonnen obenan) 118,000 Tonnen, also fast 256 Mill. Pfd. verbraucht und dafür mit Einschluß des Zoll über $50\frac{1}{2}$ Mill. Thlr. zahlt. Preußen consumirte 1851 etwa 562,000 Ctr. Der beste Kaffe ist der von Mochha, der schlechteste der von Sumatra. Bestandtheile des rohen Kaffe sind Kaffeïn, ein bitterer, weiß krystallinischer Stoff, Kaffefett, Gerbsäure und aromatische Kaffesäure. Das Kaffeïn, der wirksame Bestandtheil des grünen Kaffe, wird durch das Brennen, worauf Alles bei der Darstellung eines guten Kaffe ankommt, meist zerstört, die aromatische Kaffesäure dagegen in brenzliche aromatische Kaffesäure, die den Sitz des Aroma bildet, verwandelt. Ihr sind auch wohl die eigenthümlichen Wirkungen des Kaffe auf die Nerven des Unterleibes und auf den Ernährungsprozeß überhaupt zuzuschreiben. Das erste Kaffehaus in London wurde 1652 eröffnet.

Cephaëlis Ipecacuanha, Kopfbeere, ein brasilianischer Strauch, der die ächte oder geringelte Ipecacuanha oder Brechwurzel liefert. Andere Arten der Brechwurzel werden von anderen Pflanzen dieser, sowie anderer, hier ganz übergangenen Gruppen erhalten.

Cinchonea, Chinablüthler. Schöne Bäume der peruanischen Gebirge, mit 2fächerigen, mehrsamigen Kapseln. Blüthen in Doldentrauben weiß oder roth.

Alle Arten der Gattung Cinchona, Chinabaum, haben eine mehr oder weniger bittere Rinde, die als Chinarinde durch ihren Gehalt an Chinin ein höchst wichtiges Arzneimittel ist, und von den verschiedenen Arten der Cinchona unter verschiedenen Namen in den Handel kommt.

43. Fam. Lonicereae, Geisblätter. Endl. 127.

Bäume oder Sträucher mit gegenüberstehenden Blättern, ohne Nebenblätter. Kelch meistens mit 2 oder mehreren Bracteen; Krone regelmäßig oder unregelmäßig, Staubgefäße in gleicher Zahl mit den Kronenlappen und abwechselnd. Fruchtknoten ein unterer, fünffächerig, in jedem Fache eine Samenknospe. Griffel einfach. Frucht nicht aufspringend, sonst verschieden, trocken oder fleischig. Same mit fleischigem Eiweiß.

Die 140 Arten in 7 Gattungen wachsen in der nördlich gemäßigten Zone bis zum Rande der Tropen. Viele Arten haben schöne Blüthen, wie Viburnum, Schneeball, Lonicera, Geisblatt, und scharfen purgirenden Stoff; wenige tragen eßbare Beeren; überhaupt mit Ausnahme des durch Blüthen, Beeren und Holz wichtigen Sambucus nigra, schwarzer Hollunder oder Flieder technisch und medicinisch unbedeutend.

44. Fam. Oleaceae, Oelbäume. Endl. 131.

Bäume und Sträucher mit einfachen, lederartigen oder zuweilen (Fraxinus) gefiederten Blättern. Kelch und Krone hypogynisch 4blätterig; letztere oft fehlend; Staubgefäße 2. Fruchtknoten zweifächerig, jedes Fach mit 2 hängenden umgewendeten Samenknospen. Frucht eine zweifächerige Steinbeere oder Kapsel; jedes Fach einen oder 2 Samen mit fleischigem Eiweißkörper und verkehrtem oder aufrechtem Embryo.

Die 102 Arten in 16 Gattungen namentlich in gemäßigten Breiten, gegen die Tropen hin zunehmend. Olea europaea, der Oelbaum, aus dem Oriente stammend, seit den ältesten Zeiten am Mittelmeere einheimisch und in vielen Spielarten bis 44° N. Br., in einer mittleren Temperatur von 19—14½° C. cultivirt. Er enthält in dem Fleische der pflaumenartigen, widerlich fetten und bitteren Früchte das daraus durch Pressen gewonnene Olivenöl, dessen Güte und Farbe nach der Fruchtreife und Behandlung beim Auspressen verschieden ist; das beste heißt Jungfernöl, das ordinäre Baumöl. Die geringste Sorte mit der Asche von Strandpflanzen verkocht, gibt venetianische Seife. — Hierher gehören die als Nutzholz geschätzte Esche, Fraxinus excelsior, die Manna-Esche, F. Ornus, der spanische Flieder, Syringa vulgaris, und die Rainweide, Ligustrum; auf letzteren beiden leben vorzüglich die spanischen Fliegen.

Verwandt ist die meist tropische Familie der Jasmineae, Jasminsträucher, Endl. 129, die Ziersträucher unserer Gärten, aber auch aus Jasminum officinale, durch Uebergießen der Blüthen mit Behenöl, das wohlriechende Jasminöl liefert.

45. Fam. Apocyneae, Giftpflanzen. Endl. 133.

Bäume oder Sträucher, oft milchend. Die Blätter gegenüberstehend oder quirlförmig, selten zerstreut, ganzrandig, oft zwischen den Blattstielen, an der Stelle der Nebenblättchen mit Wimpern oder Drüsen versehen. Die Blüthen in Doldentrauben. Kelch fünftheilig, stehenbleibend; Blumenkrone einblätterig, hypogynisch, regelmäßig, fünflappig, abfallend; die Lappen vor dem Aufblühen übereinander liegend und gedreht. Staubgefäße 5, auf der Blumenkrone befestigt; Staubfäden frei, ohne Anhängsel. Zwei einfächerige, völlig freie Fruchtknoten, selten in einen einzigen, zweifächerigen verwachsen. Die Samenknospen meist zahlreich. Zwei Griffel, an der Spitze durch eine gemeinschaftliche Narbe verbunden, zuweilen gänzlich verwachsen. Frucht: eine doppelte oder einfache Kapsel, Steinfrucht oder Beere. Der Embryo meist von einem fleischigen oder hornartigen Albumen umgeben.

Die 300 Arten in 57 Gattungen sind bis auf wenige nur tropisch. In Europa nur 5 Arten, bei uns nur Vinca minor, Singrün. Alle haben zwar schöne, höchst wohlriechende Blüthen und werden deshalb in ihrem Vaterlande oder auch bei uns (Nerium Oleander, der Oleander) als Zierpflanzen gezogen; zugleich aber haben sie einen scharfen, bitteren, zum Theil höchst giftigen Milchsaft, viele auch höchst giftige Samen. Strychnos Nux vomica, Krähenaugenbaum oder Brechnußbaum, liefert aus seinen Samen das furchtbar giftige Strychnin. Dadurch und durch einen vorherrschenden Bitterstoff, sowie durch aromatische Harze, sind viele in der Heilkunde, durch das aus dem Milchsafte gewonnene Kautschuk (Tabernaemontana elastica) in der Technik wichtig. Wenige, wie Tabern. utilis, Milchbaum, haben genießbaren Milchsaft, oder wohlschmeckende, Oel gebende Früchte, hanfähnliche Fasern, oder Blätter, aus denen Indigo gemacht werden kann. Die Samen des wasserklärenden Krähenaugenbaumes, Strychnos potatorum, haben, wenn man mit ihnen die innere Fläche der Trinkgefäße einige Minuten reibt, die merkwürdige Eigenschaft, unreines Wasser zu klären und trinkbar zu machen, und werden deshalb in Ostindien öffentlich verkauft. Das bittere, giftige Wurzelholz von Strychnos colubrina, dem Schlangenholzbaume, gilt als untrügliches Mittel gegen den Biß der Klapperschlange. Das in das Wasser geworfene Holz von Cerbera Ahovai, dem brasilianischen Schellenbaume, betäubt die Fische so, daß sie sich mit den Händen fangen lassen; seine Samenschalen dienen, auf Schnüre gereiht, den Indianern statt Schellen als Zierrath; ein einziger Same von Cerbera Tanghin, dem madagaskarischen Schellenbaume, reicht hin, um 20 Personen zu vergiften. Das aus der Wurzel einiger hierher gehöriger Pflanzen gewonnene Pfeilgift ist bereits bei den Urticeen, Fam. 31, erwähnt worden.

An die Apocyneen schließen sich die Asclepiadeae, Seidenpflanzen, Endl. 134, verschieden nur durch die kronenartigen Anhängsel der in eine Röhre verwachsenen Staubfäden, sowie durch die, zu Pollenmassen vereinigten Pollenkörner. Die 400 Arten sind ebenfalls in den heißen Ländern, namentlich am Cap zu Hause; Europa hat nur 8 Arten und wir nur die einzige Asclepias Vincetoxicum, Schwalbenwurz, Giftwurz oder Hundswürger. Sie stimmen in ihren Eigenschaften im Wesentlichen mit den Apocyneen überein. Die seidenartigen Samenkronen mancher Asclepias-Arten werden vielfach zum Polstern oder zu Gespinsten benutzt.

46. Fam. Gentianeae, Enziane. Endl. 135.

Krautartige Gewächse mit sitzenden oder gestielten, meist gegenüberstehenden Blättern. Blumen gehäuft in den Achseln oder in gipfelständigen Afterdolden. Kelch röhrig, stehenbleibend, wie die Krone fünflappig, bisweilen 4-, 6-, 8- oder 10lappig. Staubgefäße von der Anzahl der Kronenlappen. Ein ein- bis zweifächeriger Fruchtknoten; Frucht eine zweiklappige Kapsel, welche dadurch, daß die nahtständigen Samenträger zusammenwachsen, zweifächerig wird. Samen klein, mit fleischigem Eiweiß.

Die 350 Arten in 36 — 40 Gattungen finden sich in allen Zonen, namentlich aber in der nördlichen gemäßigten Zone. Bei allen herrscht ein bitterer Extractivstoff vor, weshalb alle Gentianeen einen mehr oder minder starken, zum Theil sehr bitteren Geschmack besitzen und als stärkende und fieberwidrige Mittel angewendet werden. Die meisten haben schöne Blumen, sind aber sonst in technischer Hinsicht ganz unbedeutend. Die bei uns vorkommenden Gattungen sind: Menyanthes, Fieberklee, Erythraea, Tausendgüldenkraut und Gentiana, Enzian.

47. Fam. Labiatae, Lippenblüther. Endl. 136.

Kräuter und Sträucher mit vierkantigem Stengel, und einfachen, gegenständigen Blättern, ohne Nebenblätter. Blattwinkelständige Blüthen in Wirteln, Aehren oder Köpfchen, meist mit Deckblättern. Kelch und Krone meist zweilippig, die Oberlippe der Krone oft helmartig. Zwei lange und zwei kurze, oder (selten) nur zwei Staubgefäße. Vier Fruchtknoten, aus deren Mitte ein Griffel mit 2 Narben hervorkommt, sind in eine fleischige Scheibe eingesenkt, und entwickeln sich zu 4 Nüßchen, jedes mit einem Samen ohne Eiweiß.

Die 1400 Arten in 110 Gattungen finden sich auf der ganzen Erde, namentlich aber in der nördlichen gemäßigten Zone der alten Welt, zwischen 45 und 48° N. Sie wachsen in heißen, trockenen, freien Lagen, auf Wiesen, in Baumhecken und Hainen. Aetherische Oele in allen Theilen der Pflanzen, sowie bittere und gewürzhafte Stoffe verleihen ihnen große Bedeutsamkeit in der Medicin, als flüchtig erregende Arzneimittel, sowie als Küchengewürze oder Wohlgeruchsmittel. Keine einzige Art ist verdächtig oder giftig.

Einige der wichtigsten hierher gehörigen Gattungen sind: Lavandula, Lavendel, Lycopus, Wolfsfuß, Rosmarinus, Rosmarin, Salvia, Salbei, Ajuga, Günsel, Teucrium, Gamander, Hyssopus, Ysop, Ballota, Ballote, Betonica, Betonie, Galeopsis, Hohlzahn, Galeobdolon, Waldnessel, Lamium, Taubnessel, Mentha, Münze, Glechoma, Gundermann, Nepeta, Katzenmünze, Satureja, Pfefferkraut, Thymus, Thymian, Melissa, Melisse, Scutellaria, Helmkraut, Ocymum, Basilienkraut, Origanum, Dosten, Prunella, Braunheil, Majorana, Majoran.

Die nahe verwandte Familie der Verbenaceae, Eisenpflanzen, Endl. 137, ist bei gleichem Blumenbau nur durch den einfachen vierfächerigen Fruchtknoten, mit 1 — 2 Samenknospen in jedem Fache unterschieden, der sich zur viersamigen Beere oder Steinfrucht ausbildet. Die hierher gehörigen Gewächse, meist Bäume oder Sträucher, finden sich namentlich in den Tropen; bei uns nur Verbena, Eisenkraut. Sie enthalten oft ätherische Stoffe, und sind dadurch officinell. Tectonia grandis, der riesige Tekbaum oder Teakbaum, in Süd-Asien, liefert eines der besten, namentlich zum Schiffsbau tauglichen Nutzhölzer.

48. Fam. Asperifoliaceae, Rauhblättler. Endl. 143.

Bäume, Sträucher oder Kräuter mit abwechselnden, selten gegenüberstehenden, oft mit steifen Haaren besetzten, ganz ungetheilten Blättern, ohne Nebenblätter. Blüthen in seitlichen, an der Spitze immer aufgerollten Aehren, Trauben oder Köpfchen. Kelch einblättrig, regelmäßig, Theilung und Form verschieden. Krone ebenso; der Schlund derselben zuweilen offen (Echium), meist aber durch Höcker (fornices), die durch Eindrücke von außen entstanden sind, verschlossen, oder doch mit ihnen besetzt. Fünf der Krone angewachsene Staubfäden zwischen den Höckern mit freien Antheren. Vier getrennte, auf einem Diskus sitzende, sehr verschiedengeformte Fruchtknoten, mit einem Griffel, dessen Narbe kopfförmig oder zweitheilig ist. Die Fruchtknoten einfächerig, mit einer Samenknospe, bilden sich zu vier Nüßchen aus, welche vom stehenbleibenden Kelche umgeben sind und je ein eiweißloses Samenkorn enthalten.

Die etwa 700 Arten in 40—50 Gattungen wachsen meist in der nördlich gemäßigten Zone, einige bis zum Polarkreise. Wegen der vorherrschend schleimigen Stoffe dienen viele als Heilmittel, wie Symphytum, Schwarzwurz, Beinwell, Pulmonaria, Lungenkraut, Cynoglossum, Hundszunge, Anchusa, Ochsenzunge; die Wurzeln einiger Arten enthalten einen reichlichen rothen Farbstoff, wie Alcanna tinctoria, färbende Alkanne, Lithospermum arvense, Bauernschminke oder Steinsame; von einigen werden die Blätter als Gemüse und Salat gegessen, Borrago officinalis, Borretsch oder Borätsch; von wenigen sind die Früchte eßbar; mehrere haben schöne Blüthen und sind dadurch Zierpflanzen, Myosotis, Mäuseohr oder Vergißmeinnicht, Omphalodes, Gedenkemein, Heliotropium, Sonnenwende oder Scorpionskraut.

Die verwandte Familie der Hydrophylleae, Endl. 146, die mehrere Zierpflanzen unserer Gärten liefert, wie namentlich das niedliche Hainlieb, Nemophila, unterscheidet sich nur durch die vielsamigen Kapseln.

49. Fam. Convolvulaceae, Winden. Endl. 144.

Windende, kletternde Kräuter oder Sträucher, die namentlich in der knolligen Wurzel einen heftig purgirenden Milchsaft führen, mit abwechselnden Blättern, ohne Nebenblätter. Blüthen einzeln oder zu vielen in den Achseln der Blätter, auch gipfelständige Trauben bildend; Blüthenstiele meist mit 2 kleinen Deckblättern. Kelch regelmäßig, glockig, fünftheilig, bleibend. Krone meist trichterförmig, undeutlich fünflappig, hypogynisch, abfallend. Staubgefäße fünf. Fruchtknoten zwei- oder drei-, selten einfächerig, sitzt auf einem gelben Diskus, hat wenige Samenknospen, einen Griffel mit 2= oder 3theiliger Narbe. Frucht eine runde Kapsel mit dünner, lederartiger Fruchthülle; Samen im Grunde befestigt, haben im weichen Eiweißkörper einen gekrümmten Embryo mit unregelmäßig gefalteten Samenlappen.

Die 500 Arten in 25 Gattungen sind tropisch; bei uns nur durch zwei einheimische Convolvulus, Winden (C. arvensis, Ackerwinde, und C. Sepium, Zaunwinde) und durch die vorzüglich auf Hanf, Flachs und Hopfen schmarotzende Cuscuta, Flachsseide, repräsentirt, welche letztere, wenn gleich mit Convolvulus im Blüthenbau und Habitus übereinstimmend, doch durch den Mangel der Blätter und Samenlappen ausgezeichnet ist. Manche werden in der Medicin angewendet, wie Conv. Scammonia, Purgirwinde, C. Jalapa, Jalape, C. Purga, Purgawinde. C. Batatas, Batate, im tropischen Amerika einheimisch, dort, in den übrigen Tropenländern, sowie in Portugal und Spanien der süßen Wurzeln wegen häufig gebaut, die in der Asche gebraten und auf verschiedene Weise zubereitet häufig genossen werden, auch ein feines Stärkemehl und ein geistiges Getränk liefern. Außer dieser werden noch andere Arten unter dem Namen der Bataten cultivirt. Der giftige Saft der Wurzeln verschwindet durch die Cultur oder wird doch durch die Zubereitung zerstört. Mehrere Arten von Convolvulus werden ihrer schönen Blüthen wegen in Gärten gezogen.

Die verwandten Polemoniaceae, Sperrkräuter, Endl. 145, unterscheiden sich namentlich durch die äußere Form der ganzen Pflanze und durch die Blumenkrone. Sie finden sich meist in Amerika, Polemonium bei uns, und liefern in dieser, wie in Phlox, Gilia und Cobaea geschätzte Zierpflanzen.

50. Fam. Solanaceae, Nachtschatten. Endl. 148.

Narkotische Kräuter, Sträucher, selbst Bäume, mit abwechselnden Blättern. Blüthenstiele außer den Achseln der Blätter entspringend. Kelch einblättrig, fünf-, selten viertheilig, bleibend. Blumenkrone einblättrig, meist regelmäßig, 5- selten 4theilig. Staubgefäße 5, selten 4, Antheren zweifächerig, der Länge nach, nur bei Solanum durch Löcher an der Spitze aufspringend. Fruchtknoten frei, mit hypogynischer Scheibe, 2-, selten 3- oder 4fächerig, mit sitzenden oder gestielten, verdickten Samenträgern, woran viele Samenknospen. Griffel einfach, Narbe stumpf, selten zweilappig. Frucht eine zwei- oder vierfächerige Beere oder Kapsel, mit sitzenden kleinen, nierenförmigen Samen mit gekrümmtem Embryo im fleischigen Eiweiß.

Ueber 600 zum Theil schön blühende Arten in etwa 40 Gattungen über alle Welttheile verbreitet, jedoch innerhalb der Tropen am zahlreichsten, und vorzugsweise in Amerika. Alle narkotisch, mehr oder weniger giftig, manche sogar höchst gefährlich, aber als Arzneimittel geschätzt. Einige, bei denen durch Cultur das Gift sich verminderte, oder durch die Zubereitung ganz zerstörte, dienen als Nahrungsmittel.

Solanum tuberosum, die Kartoffel, aus Amerika, wo sie noch jetzt wild auf den Bergen von Peru und Chili vorkommt, und schon zur Zeit der Entdeckung cultivirt wurde, zwischen 1545 und 1580 nach Europa und zwar zuerst nach Spanien, später (aber nicht durch Franz Drake) nach England gebracht. Sie verbreitete sich langsam über Europa, mußte in Pommern unter König Friedrich Wilhelm I und Friedrich dem Großen sogar durch Zwangsmaßregeln eingeführt werden. Ihre Cultur hat aber seit dem Ende des vorigen Jahrhunderts so überhand genommen, daß sie an vielen Orten Hauptnahrungsmittel ist, an andern, wie in Irland, wo $^{4}/_{5}$ der Bevölkerung nur von Kartoffeln leben, geradezu alle anderen Culturpflanzen verdrängte, und dadurch im Falle des Mißrathens Theuerung, ja Hungersnoth herbei zu führen im Stande ist. Die Wichtigkeit derselben als Viehfutter, Nahrung der Menschen, dann zur Gewinnung von Stärke, Branntwein und Bier ist allgemein bekannt. Um so bedenklicher war die Erscheinung einer Krankheit, die im Jahre 1845 beginnend, und von da an alljährlich wiederkehrend, der Cultur der Kartoffel außerhalb ihres Vaterlandes ein Ende zu machen drohte. Sie besteht an den Blättern in einem Fleckigwerden derselben und zu frühem, plötzlichen Absterben des oberirdischen Theiles der Pflanze; bei den Knollen in einem Erkranken der der Oberhaut zunächst liegenden Zellenschichten und nachherigem kegelförmigen Hinabsteigen der Fäulniß nach dem Mittelpunkte der Knolle. Das Stärkemehl wird zwar in den meisten Fällen am Schlusse der Krankheit, d. h. nach gänzlicher Auflösung der Zellenwände und Eintrocknung der flüssigen Jauche unvermindert vorgefunden, zeigt sich aber bei näherer mikroskopischer und chemischer Untersuchung doch wesentlich verändert. Es fehlt gänzlich, wenn die Kartoffel in einer Zeit von der Krankheit befallen wurde, wo die Stärkekörnchen noch jung, ihre Schichten also noch nicht gehörig erhärtet waren. Der Grund der Krankheit liegt weder in der Düngung, noch in den ungünstigen Witterungsverhältnissen, soweit anhaltender Regen, Kälte u. s. w. darunter verstanden werden, sondern, wie bei allen plötzlich auftretenden Epidemien in Störungen der magnetischen und elektrischen Thätigkeit der Erde.

Unter den zahlreichen übrigen Krankheiten der Kartoffeln, die mehr oder weniger local auftreten, jedoch nicht selten die Erndte bedeutend beeinträchtigen, sind zu erwähnen: Kräuselkrankheit, blaue Pocken, Trockenfäule und Kartoffelräude.

Nicotiana, Tabak. Von den Amerikanern schon zur Zeit der Entdeckung geschnupft und geraucht, bald nachher von den Spaniern nach Europa, durch Jean Nicot 1560 nach Paris gebracht, von wo er sich trotz aller Verbote und Verfolgungen schnell verbreitete. Einfuhr aus Amerika nach Europa wenigstens 80 Mill. Pfund; mehr als ebensoviel wird selbst producirt. Preußen consumirte 1851 an 380,000 Ctr.

Solanum nigrum, Nachtschatten, S. Dulcamara, Bittersüß, Atropa Belladonna, Tollkirsche, Datura Stramonium, Stechapfel, Hyoscyamus niger, Bilsenkraut und Andere sind ebenso furchtbare Gifte, als wirksame Arzneimittel. Sie gehören zu den betäubenden oder narkotischen Pflanzengiften, und bringen Ekel, Neigung zum Erbrechen, Zittern und Schwindel hervor. Darauf folgt Erweiterung der Pupille, Betäubung oder

Irrereden, oft krampfhafte Verzerrungen der Glieder, Schlafsucht oder heftiger Wahnsinn, endlich vollkommene Bewußtlosigkeit, die durch Nervenschlag mit dem Tode endet. Brechmittel, häufiges Trinken von Essig, auch starker Kaffe, sind die besten Gegenmittel. Die Wurzel der sehr giftigen Mandragora officinalis, Alraun, war früher in der Zauberei berühmt als Alraunweibchen. Die scharfen Früchte von Capsicum, Beißbeere, geben den in England viel gebrauchten Cayenne-Pfeffer.

51. Fam. Personatae, Maskenblüthler. Endl. 149.

Bäume, Sträucher oder Kräuter, mit meist entgegengesetzten, selten wechselständigen Blättern. Blüthen in Aehren, Trauben, Doldentrauben, Dolden oder Rispen, zuweilen einzeln in den Blattwinkeln. Kelch einblättrig, bleibend, in 5, selten 4 ungleiche Abtheilungen geschieden. Krone einblättrig, unregelmäßig, oft zweilippig, rachenförmig, maskirt. Staubgefäße 4 didynamische, selten durch Fehlschlagen zwei. Fruchtknoten auf hypogynischer Scheibe, zweifächerig, mit vielen Samenknospen. Griffel einfach, Narbe kopfförmig oder zweilappig, klein. Frucht eine Kapsel, selten Beere, mit zahlreichen kleinen Samen, die ein großes Albumen und einen geraden walzenförmigen Embryo haben.

Ueber 1300 Arten in fast 150 Gattungen, über die ganze Erde vertheilt, jedoch namentlich zwischen 30 und 35° N. Meist scharf und bitter, oft sehr giftig, wenige mild und schleimig, viele mit schönen Blüthen. Die Anwendung derselben, außer in der Heilkunde oder als Zierpflanzen sehr beschränkt. Viele sind lästige Unkräuter. Die wichtigsten Gattungen sind: Verbascum, Wollkraut, vertreibt die Motten; Scrophularia, Braunwurz, medicinisch; Gratiola, Gnadenkraut oder Purgirkraut, giftig; Digitalis, Fingerhut, sehr giftig (Brechmittel, Essig, Kaffe Gegengifte); Linaria, Leinkraut, medicinisch; Antirrhinum, Löwenmaul; Veronica, Ehrenpreis, manche Arten medicinisch; Euphrasia, Augentrost, früher medicinisch; Pedicularis, Läusekraut, verdächtig, seine Abkochung vertreibt die Läuse beim Viehe; Rhinanthus, Klappertopf und Melampyrum, Wachtelweizen, ihre Samen, in Menge dem Roggen beigemengt, machen das Brod zwar schwarz, scheinen jedoch nicht weiter schädlich zu sein; nach Anderen sollen sie unter der Gerste dem Biere betäubende Eigenschaften ertheilen.

An diese Familie schließen sich die tropischen Acanthaceae, Endl. 150, deren Gattung Sesamum orientale, Sesam, im Oriente der ölreichen Samen wegen überall cultivirt wird. — Die meist tropisch amerikanischen Bignoniaceae, Endl. 151, liefern außer dem prächtigen, zur Bekleidung nackter Wände geeigneten Trompetenbaume (Bignonia Catalpa und radicans) noch aus den Blättern der Bign. Chica, einen als Handelsartikel wichtigen rothen Farbstoff, Chica. — Die auf Wurzeln verschiedener Pflanzen schmarotzenden und dadurch oft verderblichen Orobancheae, Endl. 154: Orobanche, Hanftod, Sommerwurz, Lathraea, Schuppenwurz — und die technisch ganz unwichtigen Utricularieae, Endl. 155: Utricularia, Wasserschlauch, und Pinguicula, Fettkraut, schließen sich ebenfalls hier an.

52. Fam. Primulaceae, Schlüsselblumen. Endl. 156.

Kräuter mit entgegengesetzten oder quirligen, selten zerstreuten Blättern. Blüthen in Aehren, einfachen Dolden, blattwinkelständigen oder gipfelständigen Trauben. Kelch einblättrig, vier- bis fünftheilig, nervig, stehenbleibend; Krone einblättrig, meist fünftheilig; Staubgefäße meist fünf, den Kronenlappen gegenüberstehend; Filamente mit der Kronenröhre verwachsen. Ein Griffel, eine schildförmige Narbe. Frucht eine einfächerige, in 3—5 Klappen, oder bei Anagallis, mit einem Deckelchen sich öffnende Kapsel, in der zahlreiche, schildförmige Samen mit Eiweiß an einem Centralsamenträger befestigt sind.

Gegen 200 Arten in etwa 25 Gattungen, meist in der nördlichen gemäßigten Zone der alten Welt. Der Wurzelstock von Cyclamen europaeum, Erdscheibe, Saubrod, durch einen flüchtigen, scharfen Stoff zwar giftig, aber durch Rösten eßbar und von angenehmen Geschmack. Die meisten bilden durch herrliche Blüthen die größte Zierde der Gebirgsflora, sind aber für Gewerbe und Medicin unbedeutend. Die wichtigsten Gattungen sind: Primula, Schlüsselblume (P. veris, als Thee, P. elatior, Primel, und P. Auricula, Aurikel, als Zierpflanzen beliebt); Lysimachia, Lysimachie, früher officinell; Anagallis, Gauchheil, scharf, Samen den Vögeln, in Menge selbst Pferden tödtlich; Trientalis, Schirmkraut (eine der wenigen Pflanzen mit 7 Staubgefäßen); Hottonia, Sumpf-Viole.

An die Primulaceen schließen sich 2 durchaus tropische Familien: die Sapotaceae, Endl. 158, die von Isonandra Gutta auf Singapore das Gutta Percha (30—40 Pfund von einem abgehauenen Stamme) liefern und die Ebenaceae, Endl. 159, deren sehr hartes, schweres, braunes, grünes, röthliches, meist aber schwarzes Holz (namentlich von Maba Ebenus, Maba, Diospyros Ebenum und D. Melanoxylon, Dattelpflaume) als Ebenholz einen wichtigen Handelsartikel bilden.

53. Fam. Ericaceae, Heidekräuter. Endl. 162.

Sträucher mit meist immergrünen, abwechselnden, gegenständigen oder wirtelständigen Blättern, achselständigen oder endständigen, einzelnen oder gehäuften, regelmäßigen Blüthen. Kelch bisweilen völlig mit dem unterständigen Fruchtknoten verwachsen, wie die Krone 4 bis 5lappig. Ebenso viele oder doppelt so viele Staubfäden. Fruchtknoten einzeln, von einem erhabenen Diskus umgeben, 3—5fächerig, je vielsamig; Frucht eine 3—5fächerige Kapsel oder Beere. Samen am Centralsamenträger, mit Eiweiß.

An 1000 Arten in etwa 70 Gattungen, beiden gemäßigten Zonen und der nördlichen kalten Zone angehörig. Die Gattung Erica, Heidekraut, meist am Cap. Sie sind bitter adstringirend, manche narkotisch, oft sogar (Ledum palustre, Sumpfporst, Kienporst) giftig. Einige sind officinell, viele zum Gerben und Färben tauglich. Die meisten sondern reichlich Honig ab, daher beste Bienennahrung (Heidehonig); von manchen aber, wie von Rhododendron, Alpenrose, ist derselbe giftig. Die Blätter von Vaccinium, Heidelbeere, vielfach zum Gerben, ihre auch officinellen Beeren als Speise und zur Fabrication des Branntweines benutzt. Hierher gehören auch Pyrola, Wintergrün, und Monotropa Hypopitys, Fichtenohnblatt, eine Schmarotzerpflanze auf Wurzeln der Fichten.

54. Fam. Umbelliferae, Doldenpflanzen. Endl. 163.

Kräuter oder Stauden mit hohlem, gefurchtem, unter den Blättern verdicktem Stengel; abwechselnden, mehr oder weniger getheilten Blättern und unten scheidenartig erweiterten Blattstielen. Blüthen zwitterig, in zusammengesetzten Dolden am Grunde mit Hülle und Hüllchen, involucrum und involucellum, umgeben. Kelch innig mit dem unterständigen Fruchtknoten verwachsen, meist fünfzähnig oder fehlend. Auf dem zweifächerigen Fruchtknoten, der in jedem Fache eine aufgehängte Samenknospe hat, sitzt ein zweitheiliger Diskus, der die 2 Griffel mit einfachen Narben trägt. Um den Diskus stehen 5 weiße, selten gelbe, ursprünglich zugespitzte, nach Innen eingeschlagene und dadurch zweitheilige Blumenblätter. Die Frucht besteht aus zwei, an einem Säulchen aufgehängten, verwachsenen, längsgestreiften Nüßchen, deren Samen mit der Fruchthülle dicht verwachsen ist, und aus einem großen, fleischigen oder hornartigen Albumen besteht, an dessen Spitze der sehr kleine, rechtläufige Embryo liegt.

Ueber 1000 Arten in 165 Gattungen, meist in den gemäßigten Zonen, namentlich in den nördlichen Theilen der alten Welt. Sie enthalten narkotische Gifte, Heilmittel und Nahrungsmittel. Erstere liegen in den Blättern und Stengeln der an feuchten Orten gewachsenen, die Gewürze und Heilmittel (ätherische Oele) meist in den Oelgängen (vittae) der Samen, oder in den Blättern der an trockenen, sonnigen Orten wohnenden Pflanzen; ebenso die Nahrungsstoffe vorzugsweise in deren Wurzeln.

Giftig sind: Conium maculatum, gefleckter Schierling; Cicuta virosa, Wasserschierling; Aethusa Cynapium, Hundspetersilie; Oenanthe, Rebendolde; Chaerophyllum temulum, betäubender Kälberkropf; Sium latifolium und angustifolium, Merk. Am größten ist die Gefahr einer Vergiftung mit den oft für Sellerie gehaltenen Wurzeln des Wasserschierlings, deren Genuß Schwindel, Neigung zum Schlaf, Wahnsinn, Wuth, Uebelkeit, Brennen, Entzündung und meist schnellen Tod herbeiführt; sowie mit dem jungen Kraute der Hunds-Petersilie, welches, mit der Petersilie verwechselt, Bangigkeit erregt, worauf Wahnsinn, Sinnlosigkeit, Wuth, Durchfall, entsetzliches Erbrechen und heftige Kopfschmerzen folgen; der Leib wird unter großen Schmerzen aufgetrieben, Magen und Eingeweide entzündet, und oft folgt schneller Tod. Die besten Gegenmittel sind Brechmittel, dann säuerliche Getränke oder Milch in Menge.

Gewürze liefern: Coriandrum sativum, Koriander; Anthriscus vulgaris, Kerbel; Foeniculum vulgare, Fenchel; Pimpinella Anisum, Anis; Carum Carvi, Kümmel; Petroselinum vulgare, Petersilie; Anethum graveolens, Dill, und das zugleich officinelle, aus dem Milchsaft der

Wurzeln gewonnene Harz von Ferula Asa foetida, Stink-Asand oder Teufelsdreck.

Als Nahrungsmittel werden benutzt die Wurzeln von Chaerophyllum bulbosum, Kälberkropf; Daucus Carota, Mohrrübe; Pastinaca sativa, Pastinake; Apium graveolens, Sellerie.

55. Fam. Ampelideae, Rebenpflanzen. Endl. 165.

Kletternde, rankende Sträucher, selten Bäume, mit angeschwollenen gegliederten Gelenken, unten gegenüberstehenden, oben abwechselnden, einfachen, selten (Ampelopsis) gefingerten Blättern, mit 2 Nebenblättchen. Rispen oder Afterdolden, den Blättern gegenüberstehend, zuweilen in eine Ranke verwandelt. Kelch sehr klein, vier- bis fünftheilig oder ungetheilt. Vier bis fünf, an die hypogynische Scheibe befestigte Kronenblätter, die bald wie gewöhnlich aufspringen, bald (Vitis) sich unten lösen, oben verwachsen bleiben und so von den Staubbeuteln abgestoßen werden. Vier bis fünf den Kronenblättern gegenüberstehende Staubgefäße. Fruchtknoten frei, zweifächerig, mit je 2 Samenknospen. Griffel kurz oder fehlend, Narbe einfach. Beere rundlich oder eiförmig, saftig. Samenkörner eins bis vier, länglich, hart, aufrecht, mit hartem Albumen, worin der walzenförmige Embryo, das Würzelchen nach unten.

Gegen 250 Arten in 4 Gattungen, meist in der heißen und den wärmeren Theilen der gemäßigten Zonen einheimisch. Die meisten in Asien. Fast alle haben viel freie Säure und adstringirende Stoffe.

Vitis vinifera, der Weinstock. Noch jetzt wild in unendlicher Menge und vorzüglicher Güte zwischen dem schwarzen und kaspischen Meere, von wo er nach Osten und Westen verbreitet wurde. Schon 600 v. Chr. pflanzten ihn die Phocier bei Marseille an und noch jetzt findet er sich in vielen wärmeren Gegenden Frankreichs und Deutschlands, sowie bei Neapel und im nördlichen Afrika verwildert, während die in Portugal, Japan, China und den Vereinigten Staaten wild vorkommenden Reben von der unsrigen verschieden zu sein scheinen. Seine Cultur in vielen Spielarten ist weit verbreitet. Die Nordgrenze des Weinstockes in Frankreich liegt zwischen 47½ und 49½° N. Br., in Deutschland am Rhein bis 50½°, im Mainthale bis 50°, in Thüringen bis 51¼°, bei Berlin bis 52½° (äußerstes Vorkommen der Rebe zur landwirthschaftlichen Benutzung), bei Meißen 51¼°, in Posen bei Bomst 52¼°, weiter östlich zwischen 48° und 49°, in der Moldau 47½°, ebenso im südlichen Rußland, dann wieder nördlich bis 49 und 50° am Dniepr. Im Inneren von Asien sind Persien, Turkestan, Bukharei, Kaschmir, Tübet und die mittleren Theile von China treffliche Weinländer. Die nördliche Culturgrenze liegt also in Asien etwa bei 40° N. Br.; in Nord-Amerika ist auf der Ostseite bis 40°, auf der Westseite bis 37½° N. Br. Weinbau. Gegen den Aequator hin wird die Rebe seltener, tritt nur an einzelnen Orten auf und liefert in der heißen Zone nur schlechte Producte. Auf der südlichen Halbkugel kennt man die Polargrenze nur in Amerika, wo sie in Chili mit 40° S. Br. zusammenfällt. Vandiemensland hat noch ergiebigen Weinbau. Die Höhe, bis zu welcher die Rebe auf Bergen hinaufsteigt, ist verschieden nach den Parallelen; im mittleren Deutschland höchstens bis 1500 Fuß, im Himmalaya bis 10,000 Fuß. Den meisten Wein erzeugt und consumirt Europa, so weit es innerhalb der Weingrenze liegt, nämlich jährlich fast 121½ Mill. Eimer. Den Eimer im Durchschnitt zu 10 Thlr. angenommen, setzt ein Kapital von 1214 Mill. Thlr. in Umlauf. Die überseeischen Weine kommen bei solchen Massen wenig in Betracht. Außer der Benutzung zum Keltern des Weines ist die zu Cognac in Frankreich, ferner zu Weinessig, Weinstein, Rosinen und Korinthen nicht unbedeutend.

56. Fam. Corneae, Hornsträucher. Endl. 166.

Bäume, Sträucher, selten Kräuter mit gegenüberstehenden, einfachen, ganzrandigen oder gezähnten Blättern. Die Blüthen zu Köpfchen, Dolden oder Afterdolden vereinigt, nackt oder mit einem involucrum versehen, meist hermaphroditisch, selten diöcistisch. Kelch mit dem Fruchtknoten verwachsen, also oberständig, mit vierlappigem Rande. Vier längliche, an der Basis breite, regelmäßige Blumenblätter. Vier freie Staubgefäße, mit den Blumenblättern abwechselnd. Der unterständige Fruchtknoten trägt einen fadenförmigen Griffel mit einfacher Narbe und entwickelt sich zu einer fleischigen mit dem Kelchrande gekrönten Steinfrucht. Der zweifächerige Stein hat in jedem Fache einen hängenden Samen mit fleischigem Albumen, welches den Embryo umschließt, dessen Würzelchen nach oben gerichtet ist.

Die kleine Familie der Hornsträucher kommt in Nord-Amerika und Indien, wenige in Süd-Amerika, Japan und Nord-Asien, nur 3 Arten von Cornus in Europa vor. Wichtig ist für uns nur Cornus mascula, Hartriegel oder Kornelkirschbaum, dessen hartes Holz vorzüglich zu Drechslerarbeiten gesucht ist, dessen junge Schößlinge die unter dem Namen der Ziegenhainer bekannten Stöcke liefern. Seine eirunden, dunkelrothen Beeren sind roh oder eingemacht eßbar.

Verwandt ist die kleine Familie der Araliaceae, Endl. 164, zu der unser Epheu, Hedera Helix, gehört, sowie die der Loranthaceae, Riemenpflanzen, Endl. 167, die größtentheils tropisch, namentlich amerikanisch ist. Die hierher gehörige Mistel, Viscum album, war den Druiden heilig. Sie liefert aus Beere und Rinde den Vogelleim, ein Weichharz, welches wahrscheinlich vielen, wo nicht gar allen Loranthaceen eigenthümlich ist. Loranthus europaeus, die Riemenblume oder Eichenmistel, war schon im Alterthume als Heilmittel berühmt, und wird noch jetzt gebraucht. Andere Arten dieser Gattung bilden in den Tropen als Lianen durch ihre prächtig rothen Blumen eine Zierde der Bäume.

57. Fam. Crassulaceae, Dickpflanzen. Endl. 170.

Saftige Kräuter oder Stauden mit fleischigen, meist gegenständigen Blättern. Blüthen gipfelständig oder einseitswendig, oft meteorologisch. Kelch meist fünftheilig, doch auch 3—20 theilig, frei oder mit dem Fruchtknoten verwachsen. Blumenkrone regelmäßig, vielblätterig, im Grunde des Kelches befestigt, oder auch einblätterig, vieltheilig. Staubgefäße frei, auf dem Kelche befestigt, zahlreich, seltener 3—15. Fruchtknoten frei oder mit dem Kelche verwachsen, mehrfächerig; jedes Fach endiget in einem Griffel mit einfacher Narbe. Kapsel nackt oder vom fleischigen Kelche umgeben, oft fünffächerig, an der Spitze sternförmig aufspringend. Samenkörner zahlreich in 2 Reihen am innern Winkel der Klappenränder befestigt. Embryo gerade, von dem mehligen, dünnen Eiweißkörper umgeben.

Ueber 300 Arten in 20 Gattungen; viel über die Hälfte am Cap, die übrigen in Europa, Asien, Nord-Afrika, wenige in Amerika und Australien. Sie lieben trockene, felsige oder sandige, dürre Orte und haben einen schwach salzigen Geschmack. Mehrere in der Medicin wichtig; die meisten genießbar, doch wenig genützt; einzelne flüchtig scharf, wie Sedum acre, scharfer Mauerpfeffer, welcher Brechen erregend und purgirend wirkt. Sempervivum tectorum, Hauswurz, Hauslaub, als Hausmittel bei äußeren Verletzungen gerühmt.

58. Fam. Saxifrageae, Steinbrechpflanzen. Endl. 171.

Kleine Kräuter oder Stauden, selten Gesträuche mit wurzelnden Stengeln, die sich rasenförmig auf dem Boden ausbreiten. Wechsel- oder gegenständige, einfache, selten zusammengesetzte Blätter, mit oder ohne Nebenblätter. Blüthen zwitterig, regelmäßig, einzeln, in Aehren, Trauben oder Rispen, mit vier- bis fünftheiligem Kelche und ebenso vielen zwischen den Kelchblättern stehenden, selten fehlenden Blumenblättern. Staubgefäße 8—10, auf dem Kelche befestigt. Oft eine Scheibe, welche zuweilen in deutliche Schuppen geschieden ist. Fruchtknoten frei oder mit dem Kelche verwachsen, zweifächerig, mit 2 Griffeln, bildet sich zur zwei-, selten einfächerigen Kapsel aus, die sich zwischen den bleibenden Griffeln in 2 Klappen spaltet. Samenkörner meist zahlreich, an dem mittelständigen Samenträger befestigt; Embryo in der Achse eines fleischigen Eiweißkörpers, rechtläufig.

Die 200 Arten in 12 Gattungen wachsen in den gebirgigen Strichen Europa's und den nördlichen Theilen der Erde und bilden hauptsächlich jenen schönen und weichen Rasen, welcher in hohen Alpengegenden an der Schneegrenze getroffen wird. Einige wachsen an Felsen und alten Mauern, in Baumhecken, an Bächen oder in Gräben. Alle Arten sind mehr oder weniger zusammenziehend, aber fast ganz unbenutzt; Saxifraga crassifolia soll den chinesischen Thee glücklich vertreten. Bei uns nur die Gattungen: Saxifraga, Steinbrech, Chrysosplenium, Milzkraut, Adoxa, Bisamkraut.

59. Fam. Ribesiaceae, Stachelbeersträucher. Endl. 172.

Buschige, dornige oder wehrlose Sträucher, mit abwechselnden, gelappten Blättern, ohne Nebenblätter. Blüthen regelmäßig, zwitterig, selten eingeschlechtig, in blattwinkelständigen Trauben, selten einzeln oder zu wenigen in den Blattwinkeln. Kelchröhre dem Fruchtknoten angewachsen und öfters über denselben hinaus verlängert, glockenförmig, vier- bis fünfspaltig, regelmäßig, oft gefärbt, vertrocknend. Blumenblätter vier bis fünf, sehr klein, auf dem Kelche befestigt und mit den Kelchlappen, sowie mit den fünf freien Staubgefäßen abwechselnd. Fruchtknoten unterständig, einfächerig; die zahlreichen Samenknospen an zwei wandständigen, entgegengesetzten Samenträgern befestigt; Griffel 2, am Grunde mehr oder weniger verwachsen, mit einfachen Narben. Die kugelförmige Beere mit dem welken Kelche gekrönt. Samenkörner zahlreich, an langen Fäden aufgehängt, mit hornartigem Eiweißkörper und sehr kleinem, in der Nähe des Nabels liegendem, gegenläufigem Embryo.

Eine Gattung, Ribes, mit 60 Arten, sämmtlich in der nördlichen gemäßigten Zone, und zwar die meisten in Nord-Amerika. Fast alle tragen eßbare Früchte, aus denen sich ein guter Wein und vorzüglicher Essig bereiten läßt. Ribes rubrum, die Johannisbeere, und Ribes Grossularia, die Stachelbeere, wachsen in ganz Europa wild und werden ihrer Früchte wegen cultivirt; letztere in England in 400 Varietäten. Ribes nigrum, Ahlbeere, wanzenartig riechend, als Obst wenig geschätzt, in der Heilkunde gebraucht. Manche Arten der schönen Blüthen wegen gepflanzt.

60. Fam. Myristiceae, Muskatnußbäume. Endl. 175.

Eine kleine Familie (20 Arten) tropischer, in allen Theilen gewürzhafter Gewächse, mit rothem, scharfem Safte; Blätter abwechselnd, lederartig. Blüthen regelmäßig, diöcisch, gehäuft. Kelch dreispaltig, Krone fehlend, Staubgefäße 3—12, verwachsen. Fruchtknoten einzeln, frei, einfächerig, mit kurzem Griffel und gelappter Narbe. Frucht fleischig, zweiklappig. Der nußähnliche Samen mit einem vieltheiligen Mantel umgeben. Eiweiß marmorirt, schließt den kleinen Keim ein.

Myristica moschata, Muskatnußbaum, auf den Molukken, namentlich auf Banda und Amboina. Die von der harten Schale befreiten, dann in Kalkmilch getauchten Samenkerne sind die Muskatnüsse des Handels, die in der Medicin, häufiger noch als Gewürz benutzt werden. Die ebenfalls sehr gewürzhaften, noch feineren Samenmäntel, werden als Macis oder Muskatblüthe auf ähnliche Weise benutzt. Man hat 3 Erndten; die besten Früchte erhält man im März, die meisten im Juli, die geringsten im November. Es werden jährlich an 600,000 Pfd. Nüsse und 150,000 Pfd. Muskatblüthe producirt. Die Cultur auf anderen Inseln ist als verunglückt anzusehen.

61. Fam. Ranunculaceae, Hahnenfußkräuter. Endl. 180.

Größtentheils scharfe, oft sehr giftige Kräuter, höchst selten Stauden, mit abwechselnden, nur in Clematis gegenüberstehenden, oft verschieden eingeschnittenen, gelappten und getheilten Blättern, deren Blattstiel am Grunde scheidenartig erweitert ist. Blüthenstand sehr verschieden. Kelch 5-, selten 3blätterig, abfallend, nur in Paeonia bleibend, oft gefärbt. Blumenblätter 5, selten 15, hypogynisch, gleich oder ungleich, zuweilen (in Caltha, Anemone, Thalictrum) fehlend. Staubgefäße unbestimmt viele, hypogynisch, frei. Fruchtknoten einzeln oder mehrere beisammen, in ein Köpfchen gedrängt; alle einfächerig, mit einer oder mehreren Samenknospen. Griffel und Narbe einfach auf jedem Fruchtknoten. Griffel oft in der Frucht bleibend, bei Clematis einen Schwanz bildend. Frucht nußartig oder kapselartig. Die Samen haben einen kleinen Embryo in einem hornartigen Eiweißkörper.

Die 700 Arten in etwa 30 Gattungen gehören zumeist der nördlich gemäßigten und kalten Zone an, vorzüglich Europa und Asien. Manche sind kräftige Arzneikräuter, viele ausgezeichnet durch Schönheit der Blüthen, mit wenigen Ausnahmen mehr oder weniger giftig. Sie gehören meist zu den ätzend scharfen Giftpflanzen, erregen also auf der Haut Entzündung, Geschwulst, Blasen, selbst Geschwüre. Kommt das Gift durch Verschlucken in den Magen, so erfolgt Zusammenschnüren des Schlundes, Hitze und Stechen im Munde und Magen, Trockenheit der Zunge, Durst, Angst, Ekel, Würgen, Krampf des Unterleibes, der aufgetrieben ist, Darmentzündung, blutiger Durchfall, Brand, Tod. Man wendet zuerst Brechmittel, dann schleimige Sachen an; ja nicht Essig, der bei narkotischen oder betäubenden Giften dienlich, hier aber schädlich ist. Ihre Benutzung in ökonomischer und technischer Beziehung sehr unbedeutend, indem wohl nur die Samen von Nigella sativa, Schwarzkümmel, in einigen Gegenden als Gewürz, die eingemachten Blüthenknospen von Caltha palustris, Sumpfdotterblume, als Kappern gegessen werden.

Die wichtigsten Gattungen sind: Paeonia, Gichtrose; Clematis, Waldrebe; Thalictrum, Wiesenraute; Anemone, Windröschen; Adonis, Teufelsauge; Ranunculus, Hahnenfuß; Helleborus, Nieswurz; Caltha, Dotterblume; Nigella, Schwarzkümmel; Aquilegia, Akelei; Delphinium, Rittersporn; Aconitum, Eisenhut.

Den Ranunkeln sind die Berberideae, Endl. 181, verwandt, von denen Berberis vulgaris, die Berberitze, ein schönes, gelbes, bitteres Bast hat, welches zum Färben und zur Medicin verwendet wird, während die rothen, sauren Beeren zu gleichen Zwecken, sowie in der Conditorei und Hauswirthschaft dienen.

Die Anonaceae, Endl. 176, Flaschenbäume, sind tropische Gewürze und Arzneipflanzen; die Früchte von Anona, Flaschenbaum, als Obst (Guanabano, süßer Bissen oder Steenappel) sehr geschätzt; die trockenen Früchte von Uvaria, Traubenbaum, waren der Pfeffer der Alten.

Die Magnoliaceae, Endl. 178, im wärmeren Amerika und Asien, ausgezeichnet durch schöne Blüthen (Magnolia, Magnolie, und Liriodendron, Tulpenbaum) sind reich an Bitterstoff, Harz und ätherischen Oelen; daher oft officinell. Illicium religiosum, Sternanis, als heiliger Baum auf Java gepflanzt.

62. Fam. Papaveraceae, Mohnpflanzen. Endl. 182.

Kräuter, mit weißem, gelbem, selbst rothem Milchsaft; Blätter abwechselnd, mehr oder weniger getheilt, ohne Nebenblätter. Kelch zweiblätterig, abfallend. Meist 4 Kronenblätter, selten mehr oder fehlend. Staubgefäße viele, unterständig, frei. Fruchtknoten frei, einfächerig, mit vielen Samenknospen, an den nicht bis in die Mitte gehenden, falschen Scheidewänden. Griffel kurz oder fehlend. Die Narben bestehen aus: 5 oder mehreren papillösen Linien. Frucht eine Kapsel mit zwei oder mehreren, oft scheidewandartigen Samenträgern, vielen Samen, mit sehr großem, fleischigem oder öligem Albumen und kleinem Embryo.

Die etwa 70 Arten in 12 Gattungen gehören meist der nördlichen gemäßigten Zone an, sind ausgezeichnet durch ihren narkotisch scharfen Milchsaft und dadurch giftig; manche jedoch als Heilmittel in Gebrauch. Die Vergiftungsmerkmale durch den Milchsaft entsprechen denen durch Ranunculaceen, folglich auch die anzuwendenden Gegenmittel. Die Vergiftungen durch die Samen stimmen mit den bei den Solaneen angeführten in ihren Wirkungen überein, und werden ebenso gehoben. Das milde, fette Oel der Samen wird von einigen zu technischem und ökonomischem Gebrauche gewonnen. Zwei Gattungen sind wichtig: Chelidonium, Schöllkraut, als einheimische Giftpflanze und Papaver, Mohn.

Papaver somniferum, gem. Mohn, in 2 Spielarten mit weißen und schwarzen Samen cultivirt, gibt aus diesen ein sehr geschätztes Oel. Der durch Einschnitte in die unreifen Kapseln ausfließende Milchsaft wird im Orient eingetrocknet und liefert das Opium, welches wir nur als Arznei kennen, das aber von den Völkern des Orientes und China's fast in derselben Art gebraucht wird, wie bei uns Tabak und Branntwein. China führt davon an 4 Mill. Pfund ein, im Werthe von etwa 25 Mill. Thlr. Indier und Chinesen rauchen oder essen das Opium und versetzen sich dadurch in eine Art Rausch, dem Abspannung und Ermüdung, bei anhaltendem Gebrauche gänzliche Schwächung, Zittern der Glieder, Stumpfsinn, frühzeitige Abzehrung und Wassersucht folgen.

Die Unterfamilie der Fumariaceae, Erdrauchkräuter, mit ihren Gattungen Fumaria, Erdrauch, und Corydalis, Lerchensporn, unterscheiden sich durch den wässerigen Saft, die unregelmäßige, oft verwachsene Blumenkrone, die sechs verwachsenen Staubfäden. Wegen ihres bitteren Saftes werden manche von ihnen in der Medicin angewendet. Fumaria officinalis, Erdrauch, liefert die meiste Pottasche, und zwar erhält man aus 1000 Pfd. Kraut 79 Pfd. calcinirte Pottasche.

63. Fam. Cruciferae, Kreuzblüthler. Endl. 183.

Aromatische, scharfe Kräuter oder Stauden mit abwechselnden Blättern, ohne Nebenblätter. Blüthen zwitterig, in Aehren, Trauben oder Rispen, ohne Deckblätter. Kelch vierblätterig, abfallend. Vier unterständige, mit den Kelchblättern abwechselnde, selten fehlende Kronenblätter. Sechs Staubgefäße, die vier inneren größer, die äußeren kleiner. Scheibe unterständig, aus zwei bis vier Drüsen bestehend. Fruchtknoten oberständig, frei, einfächerig, mit zwei wandständigen Samenträgern, welche durch eine papierartige Haut verbunden sind und das Fach in zwei Theile scheiden. Griffel kurz oder fehlend, Narbe zweilappig. Frucht eine Schote oder Schötchen, zwei- oder einfächerig, ein-, zwei- oder vielsamig. Die Verbindungshaut der zwei, zwischen den Klappen befindlichen Samenträger scheidet die Fruchthöhle in 2 Fächer, und bleibt, wenn sich die zwei Klappen ablösen, mit den Samenträgern stehen, an denen die Samen mit einer Nabelschnur aufgehängt sind. Embryo eiweißlos, hakenförmig gekrümmt oder um sich selbst aufgewickelt.

Gegen 1200 Arten in 120 Gattungen, größtentheils in der nördlichen gemäßigten und kalten Zone, und zwar die meisten in Europa, die wenigsten in Amerika. Sie enthalten ein flüchtig scharfes, ätherisches Oel in allen Theilen, bald in der Wurzel, bald in dem Kraute oder den Samen mehr vorherrschend. Viele für den menschlichen Haushalt, für Künste und Gewerbe wichtig; andere durch Schönheit und Wohlgeruch ihrer Blüthen geschätzt; wenige medicinisch.

Als Gemüsepflanzen durch Benutzung der Blätter sind wichtig: Crambe, Meerkohl; Lepidium, Kresse; Cochlearia, Löffelkraut (auch officinell gegen Scharbock, daher Scharbockskraut); Nasturtium, Brunnenkresse; Cardamine, Schaumkraut; Brassica oleracea, Gemüsekohl, mit den Unterarten: Winterkohl, Kopfkohl, Blumenkohl, Kohlrabi. Von folgenden werden die Wurzeln als Gemüse benutzt: Raphanus, Rettig, mit sehr vielen Arten und Abarten; Armoracia, Meerrettig; Brassica Rapa, Rübkohl, die Unterart: Rübe; Brassica Napus, Repskohl, die Unterart: Kohlrübe. — Oel liefern fast alle Samen, namentlich aber die von Camelina, Leindotter; Brassica Napus, die Unterart: Kohlreps; Brassica Rapa, die Unterart: Rübreps; Brassica nigra, schwarzer Senf; Sinapis alba, weißer Senf. Letztere beide sind auch officinell. Als Farbepflanze ist wichtig, Isatis tinctoria, Waid, früher Quelle des Reichthumes für Thüringen, jetzt fast ganz verdrängt durch den ungleich schöneren und 30mal mehr Farbstoff liefernden Indigo. — Als Zierpflanzen endlich sind zu erwähnen: Cheiranthus, Lack; Matthiola, Levkoje; Lunaria, Mondviole; Hesperis, Nachtviole.

Die meist tropische Familie der Capparideae, Kappernsträucher, Endl. 184, ist hauptsächlich durch die zahlreichen Staubgefäße verschieden. Sie ist nur wichtig durch den Kappernstrauch, Capparis spinosa, dessen Knospen in Essig eingemacht und unter dem Namen Kappern als Gewürz benutzt werden.

64. Fam. Resedaceae, Waupflanzen. Endl. 185.

Meist krautartige Pflanzen, mit abwechselnden, einfachen, ganzen oder gelappten Blättern und drüsigen Nebenblättern. Blüthen in gipfelständigen Aehren oder Trauben. Kelch mit 4—7 Abschnitten, bleibend;

ebenso viele mehrfach zerschlitzte Blumenblätter; 12—24 Staubgefäße. Fruchtknoten auf einem schiefen, schuppenartigen Diskus, an seiner Spitze offen, mit 3 oder 4 Griffeln, und 3—6 wandständigen Samenträgern, Frucht meist trocken, häutig, einfächerig, vielsamig, an der Spitze offen, zuweilen in 4—6 einfächerige, einsamige Theilfrüchtchen geschieden. Samenkörner nierenförmig; Embryo gekrümmt, eiweißlos.

Die hierher gehörigen 32 Arten bewohnen ausschließlich Europa, die angrenzenden Theile Asiens und die Länder am Mittelmeere. Sie sind mit Ausnahme der Reseda Luteola, Wau-Reseda, Färber-Wau, Gelbkraut, die in allen Theilen einen gelben, vielfach benutzten Farbstoff enthält, technisch unwichtig. Reseda odorata, Garten-Reseda, aus Nord-Afrika, ist ihrer wohlriechenden Blüthen wegen allgemein beliebt.

65. Fam. Nymphaeaceae, Wasserrosen. Endl. 187.

Große, krautartige Wasserpflanzen, deren dicke, zuweilen knollige, wurzelnde Stengel auf dem Boden der Gewässer hinkriechen und einen Milchsaft enthalten. Blätter langgestielt, herz- oder schildförmig; Blüthen zwitterig, groß, langgestielt. Kelch in die Krone und diese in die Staubgefäße übergehend; letztere zahlreich auf einem fleischigen Diskus, welcher ringförmig den vielfächerigen Fruchtknoten umgiebt. Samen von einer fleischigen Substanz (Mantel) umgeben. Embryo von einem eigenthümlichen Sacke eingeschlossen. Eiweiß mehlig.

Die 30 Arten in 6 Gattungen wachsen in ruhigen Wassern und sind vorzüglich auf der ganzen nördlichen Halbkugel zu Hause; auf der südlichen finden sie sich nur selten. Wegen ihrer schwach narkotischen Eigenschaften wurden Blüthen und Samen von einigen früher in der Medicin angewendet; ebenso die bitteren und zusammenziehenden Stengel namentlich gegen die Ruhr. Wichtiger sind sie durch ihren Stärkmehl- und Schleimgehalt, der ihnen in manchen Gegenden Rußlands und Finnlands für gewöhnlich, bei uns wenigstens in Zeiten der Noth eine nicht unbedeutende Stellung unter den Gemüsepflanzen verschaffte. Bei uns findet sich Nuphar luteum, gelbe Nixblume, aus deren wohlriechenden Blüthen in der Türkei ein destillirtes Wasser und durch allerlei Zusätze ein beliebtes Getränk bereitet wird, und Nymphaea alba, weiße Wasserrose. Die ägyptische Wasserrose oder Lotus, Nymphaea Lotus, liefert aus den süßlichen Stengeln, Blättern, Blatt- und Blüthenstielen ein gutes Gemüse; ihre Samen werden zu Brod verbacken. Victoria Regina, in süd-amerikanischen Strömen, ist berühmt durch die mächtigen Blätter von 6—8′ Durchmesser, die mit ungeheurer Schnelligkeit wachsen, sowie durch die herrlichen, anfangs weißen, dann prächtig rothen Blüthen von 15 Zoll Durchmesser.

Die reifen und unreifen Nüsse der prächtigen Nelumbo, Nelumbium speciosum, aus der den Nymphäaceen sehr nahe stehenden Familie der Nelumboneae, Seerosen, Endl. 189, dienen in Asien sehr häufig als wohlschmeckende Speise. Sie war im Alterthum als heilige Pflanze berühmt und den Griechen und Römern als ägyptische Bohne, Faba aegyptiaca, bekannt.

66. Fam. Cistineae, Sonnenröschen. Endl. 190.

Sträucher oder Kräuter mit länglichen, behaarten, abwechselnden Blättern. Blüthen weiß, gelb oder roth, sehr hinfällig, einzeln oder in einseitigen Trauben stehend. Kelch 3—5theilig, bleibend, ungleich; die 3 innern Kelchblätter in der Knospe gerade in der entgegengesetzten Richtung, als die 5 unterständigen Kronenblätter gedreht. Staubgefäße zahlreich. Fruchtknoten mit unvollkommenen Scheidewänden, bildet sich zur einfächerigen Kapsel aus. Samenkörner zahlreich; Embryo spiralförmig aufgerollt oder gekrümmt in der Achse des mehligen Eiweißes.

Etwa 200 Arten in 4 Gattungen, finden sich hauptsächlich in Süd-Europa und Nord-Afrika; bei uns nur durch einige Arten der Gattung Helianthemum, Sonnenröschen, vertreten; in Süd-Europa durch Cistus. Viele von ihnen sind schönblühend, manche durch einen großen Gehalt an wohlriechendem Harze, welches sie oft an der Oberfläche ausschwitzen, ausgezeichnet. Ihre Anwendung unbedeutend.

Die Droseraceae, Sonnenthau-Pflanzen, Endl. 191, schließen sich ganz den Cistineen an, unterscheiden sich aber durch die in der Jugend schneckenförmig aufgerollten, später sehr oft mit drüsigen Haaren besetzten und oft sehr reizbaren Blätter (Drosera, Sonnenthau, Dionaea muscicapa, Venus-Fliegenfalle) und Blüthentheile (Parnassia palustris, Sumpf-Parnassie), sowie durch die geringere Anzahl (5) von Staubgefäßen. Es sind technisch unwichtige, zum Theil scharfe, daher verdächtige oder giftige Sumpfkräuter aller Erdtheile. Drosera rotundifolia, in die Milch gelegt, macht diese gerinnen.

67. Fam. Violarieae, Veilchen. Endl. 192.

Kräuter und Sträucher mit einfachen, gewöhnlich abwechselnden, meist ungetheilten Blättern und Nebenblättern. Blüthen gestielt, blattwinkel- oder gipfelständig. Kelch fünfblätterig, bleibend, zuweilen ungleich und am Grunde rückwärts verlängert. Krone unterständig, fünfblätterig, meist unregelmäßig, gewöhnlich gespornt, in der Knospenlage tutenförmig zusammengerollt. Staubgefäße fünf; Staubfäden frei oder in eine kurze Röhre verwachsen; Antheren zweifächerig; zwei von ihnen mit einem Anhängsel in den Sporn sich verlängernd. Fruchtknoten frei, einfächerig, die Samenknospen an 3 wandständigen Samenträgern befestigt. Griffel einfach, meist gebogen; Narbe schief, oft vertieft. Kapsel einfächerig, dreiklappig. Samenkörner meist zahlreich. Embryo gerade, in einem fleischigen Albumen.

Die 250 Arten in 16—19 Gattungen sind vorzüglich in den gemäßigten Zonen zu Hause, jedoch auch zwischen den Wendekreisen und jenseits des Polarkreises, sowie in den Gebirgen bis zur Schneegrenze. Viele ausgezeichnet durch Schönheit und Wohlgeruch der Blüthen (Viola odorata, Veilchen), manche durch einen Brechen erregenden Stoff (Violin) in der Wurzel oder durch blutreinigende Eigenschaften in Blüthen und Blättern, mehrere daher officinell, wie Viola tricolor, Stiefmütterchen, und Jonidium Ipecacuanha, Brechviole.

68. Fam. Cucurbitaceae, Kürbispflanzen. Endl. 204.

Saftige Kräuter, meist mit spiraligen Wickelranken und dadurch klimmend. Wurzel faserig oder knollig. Blätter wechselständig, ganz oder handlappig, meist mit steifen Haaren besetzt, ohne Nebenblätter. Kelch innig mit dem Fruchtknoten verwachsen, Saum fünfspaltig oder fünfzähnig, abfallend; Krone fünftheilig oder fünfspaltig, mit dem Grunde an den Kelchsaum angewachsen. Staubgefäße fünf, dreibrüderig, selten einbrüderig oder getrennt; Antheren verschieden gedreht oder gebogen. Fruchtknoten aus drei bis fünf Fruchtblättern bestehend, deren eingeschlagene Seiten bis in die Achse der Frucht reichen, dadurch drei bis fünf Hauptfächer bilden, dann nochmals gegen die Rückwand der Fächer umschlagen und daselbst wieder angewachsen sind, wodurch jedes Fach in zwei Halbfächer zerfällt. Die Ränder der doppelt eingeschlagenen Seiten der Fruchtblätter tragen als scheinbar wandständige Samenträger die Samen, die zusammengedrückt, mit einem häutigen Mantel versehen, bald einzeln, bald zahlreich vorhanden sind, einen geraden Embryo mit großen Samenlappen, ohne Albumen haben. Ein, oft sehr kurzer Griffel; Narben 3 — 5, dick, meist zweilappig oder gefranzt. Frucht fleischig, beerenartig, mit einer dicken, lederartigen Rinde.

Von den 200 meist tropischen Arten in 24 — 27 Gattungen enthalten viele einen bitteren, harzigen, drastisch purgirenden Stoff, sind daher wirksame Arzneimittel (Cucumis Colocynthis, Koloquinte), oder auch, wie die bei uns einheimische Bryonia, Zaunrübe, giftig. Die Wurzel der letzteren hat einen ekelhaften, bitteren Geschmack, erregt anhaltendes Erbrechen und ermattenden Durchfall; selbst Tod ist die Folge. Schleimige Sachen, durch die man das Gift einhüllt und abstumpft, sind Gegenmittel gegen Vergiftungen. Mehrere werden ihrer eßbaren Früchte wegen oft in vielen Spielarten cultivirt; so namentlich Cucurbita Pepo, der Kürbis, Cucumis sativus, die Gurke, Cucumis Melo, die Melone.

Den Cucurbitaceen sind folgende Familien verwandt: Bixaceae, Orleanbäume, Endl. 197, in wärmeren Zonen. Der rothe, zellige, harzartige Ueberzug der Samen von Bixa Orellana liefert einen schönen, hochrothen Farbstoff, Orlean oder Ruku, der durch Behandlung mit einem Alkali schön goldgelb wird.

Passifloreae, Passionsblumen, Endl. 199, meist westindische klimmende Sträucher, interessant nicht nur durch ihre schönen Blüthen, sondern auch wichtig durch die zum Theil sehr wohlschmeckenden Früchte und die oft als Arzneimittel gebrauchten Wurzeln und Blätter. Hauptgattung ist Passiflora, Passionsblume.

Papayaceae, Melonenbäume, Endl. 202; süd-amerikanische Bäume mit bitterem Milchsaft. Carica Papaya, Melonenbaum, in allen Trovenländern seiner melonenartigen, reif und unreif genossenen Früchte wegen cultivirt. Zähes Fleisch in seine Blätter eingewickelt, soll durch Trennung der Muskelfasern in kurzer Zeit mürbe werden.

69. Fam. Cacteae, Fackeldisteln. Endl. 206.

Bäume oder Sträucher von der verschiedensten Bildung, fleischig, mit walzigen, kantigen, blattförmig zusammengedrückten, keulenförmigen oder kugelförmigen Stengeln und Aesten. Meist blattlos, gegliedert und mit büschelförmigen Stacheln dicht besetzt. Blüthen sitzend, oft sehr ansehnlich, meist sehr vergänglich. Kelchröhre dem einfächerigen Fruchtknoten angewachsen, und oft über ihn verlängert, bald nackt, bald mit den freien Enden der zahlreichen, spiralig gestellten Kelchblätter besetzt, deren oberste allmälig größer und blumenblattartig werden. Blumenblätter 5 bis viele, kaum von den inneren Kelchblättern zu unterscheiden, alle unterwärts mehr oder weniger verwachsen. Die zahlreichen Staubgefäße der inneren Kelchröhre angewachsen, aber unter sich frei. Ein Griffel mit mehreren Narben. Frucht eine fleischige, nackte, genabelte, einfächerige, vielsamige Beere, mit mehreren wandständigen Samenträgern, woran die zahlreichen Samen in einem saftigen Fleische an langen Nabelschnüren befestigt sind. Sie sind eiweißlos, der Embryo gerade, gekrümmt oder spiralig aufgerollt.

Die 400 Arten in 9 Gattungen wachsen sämmtlich in Amerika, zwischen 30° S. Br. und 38° N. Br., am zahlreichsten aber zwischen den Wendekreisen, auf dürrem, wasserleerem Boden, auf Steinen und Felsen, einzelne auch auf den Gebirgen. Sie überziehen oft große Strecken, die von anderen Pflanzen in Folge der Trockenheit meist entblößt sind und geben dadurch der Landschaft ein eigenthümliches, tristes Ansehen. Durch die stete Anhäufung einer Menge wässerigen Saftes in ihrem Zellgewebe werden sie in den wasserlosen Gegenden ihrer Heimath eine unschätzbare Naturgabe, indem sie den durstigen Thieren und Menschen eine köstliche Labung gewähren, und so den Namen „Pflanzenquellen der Wüsten" mit vollem Rechte verdienen.

Die Früchte der meisten sind eßbar und wohlschmeckend; von einigen größeren dient das Holz in holzarmen Gegenden zur Feuerung, zu Werk- und Bauholz. Einige sind officinell, durch ausnahmsweise ätzend scharfen Milchsaft, sowie andere durch ihre kühlenden Säfte und Früchte. Auf Opuntia coccinellifera und vulgaris, Cochenille-Feigendistel, die in Central-Amerika cultivirt werden, lebt Coccus Cacti, die Cochenille-Schildlaus, deren Weibchen alle 2 Monate gesammelt, durch Brühen mit heißem Wasser getödtet, an der Sonne getrocknet werden und dann die Cochenille oder Carminfarbe liefern, wovon England gegen 300,000 Pfund jährlich einführt. — Die geringe Pflege, deren die Cacteen bedürfen, um ihre prachtvollen Blüthen zu bringen und die große Neigung, Varietäten zu bilden, hat sie zu den gewöhnlicheren Pflanzen in unseren Treibhäusern und Stuben gemacht. Die Gattungen Mamillaria, Warzendistel, Melocactus, Melonendistel, Cereus, Fackeldistel, Opuntia, Feigendistel, sind die wichtigsten der bei uns cultivirten. Nicht selten werden alle, oder wenigstens die beiden letzteren Gattungen, unter dem Namen Cactus zusammengefaßt.

Die Familie der Mesembryanthemeae, Eispflanzen, Endl. 207, meist in den heißen Sandebenen am Cap zu Hause, ist im Blüthenbau den Cacteen ähnlich und ausgezeichnet durch eine eigenthümliche Tracht, so wie durch die sonderbaren Gestalten der dicken, fleischigen Blätter, die, wie der Stengel, zuweilen überall mit großen, durchscheinenden, Eistropfen ähnlichen Blattern besetzt sind. Die Früchte, Samen und saftigen Blätter von mehreren dienen zur Nahrung; Tetragonia expansa, Viereckfrucht oder neuseeländischer Spinat, wird deshalb auch mehrfach in Europa cultivirt, und manche wollen ihr, wegen ihres kräftigeren Geschmackes, vor dem gewöhnlichen Spinat den Vorzug geben. Die Gattung Aizoon, canarisches Immergrün, wird an den Küsten von Spanien und Nord-Afrika zur Gewinnung der Soda benutzt. Die schönen Blüthen von Mesembryanthemum, Zaserblume (mit 316 Arten), weisen ihr einen gebührenden Platz in unseren Gewächshäusern an.

Auch die Portulaceae, Portulakpflanzen, Endl. 208, sind hierher gehörig; meist südamerikanische und capsche Formen, bei uns nur vertreten durch den als Gemüse und Salat benutzten Portulak, Portulaca oleracea, sowie durch das unbenutzte Wasser-Bunzelkraut, Montia fontana.

70. Fam. Caryophylleae, Nelken. Endl. 209.

Kräuter oder Stauden, selten Sträucher, mit gegliederten knotigen Stengeln und gegenüberstehenden, ganzrandigen, oft am Grunde zusammengewachsenen, grasartigen Blättern. Blüthen regelmäßig, zwitterig, meist in gabeläſtig verzweigten, oft büschelförmig verkürzten Inflorescenzen. Kelch 4—5spaltig oder 4—5blätterig, bleibend, nnd zuweilen noch von 2—4 Deckblättern umgeben, die einen zweiten, äußeren Kelch bilden. Blumenblätter 4—5, genagelt, selten fehlend. Staubgefäße unterständig, fünf, zehn oder viele. Die Staubfäden bleibend, Antheren abfallend. Fruchtknoten auf einer Scheibe, oft kurz gestielt, ein- oder fünffächerig, unterständig. Griffel zwei bis fünf, in eben so viele pfriemförmige Narben auslaufend. Frucht eine Kapsel, zwei- bis fünfklappig, ein- bis fünffächerig, mit einem mittelständigen oder fünf wandständigen Samenträgern, mit zahlreichen Samenkörnern, deren Embryo um den mehligen Eiweißkörper gekrümmt ist.

Die große Familie der Nelkenpflanzen begreift über 800 Arten in etwa 60 Gattuugen und ist meist in den gemäßigten Zonen zu Hause, namentlich auf der nördlichen Halbkugel, einige sogar in der kalten, sehr wenige in der heißen Zone. Fast ohne Ausnahme sind sie technisch unwichtig. Einige enthalten einen kratzenden, bitteren Seifenstoff, Saponin, und dienen dadurch als Surrogat der Seife oder in der Medicin. Manche, wie namentlich Spergula, Spark, sind als besonders Milch gebende Futterkräuter gerühmt. Viele schmücken Wiesen und Felder mit ihren schönen Blüthen. Die wichtigsten deutschen Gattungen, in 4 Gruppen vertheilt, sind folgende:

a. Paronychieae: Corrigiola, Hirschsprung; Illecebrum, Knorpelblume; Herniaria, Bruchkraut.

b. Scleranthеae: Scleranthus, Knäuel; an seinen Wurzeln lebt namentlich in Polen Coccus polonicus, die deutsche Cochenille, ein schwaches Ersatzmittel der ächten amerikanischen.

c. Alsineae: Sagina, Mastkraut; Alsine, Miere; Arenaria, Sandkraut; Holosteum, Spurre; Stellaria, Sternmiere; Cerastium, Hornkraut.

d. Sileneae: Dianthus, Nelke; Gypsophila, Gypskraut; Saponaria, Seifenkraut (officinell und Ersatzmittel der Seife); Silene, Leimkraut; Lychnis, Lichtnelke; Cucubalus, Taubenkropf.

71. Fam. Malvaceae, Malven. Endl. 211.

Kräuter, Stauden, oder Bäume, mit abwechselnden, einfachen, ganzen oder gelappten Blättern und Nebenblättchen. Blüthen oft schön, regelmäßig, meist zwitterig, einzeln oder gehäuft blattwinkelständig oder in gipfelständigen Trauben. Kelch 5=, 4= oder 3theilig, bleibend, außen oft von verwachsenen Deckblättern in Form eines äußeren Kelches begleitet. Blumenkrone fünfblätterig, unterständig, regelmäßig, am Grunde oft mit den zahlreichen, einbrüderigen Staubgefäßen verwachsen, in der Knospenlage meist gedreht. Fruchtknoten frei, meist sitzend, drei- oder mehrfächerig. Samenknospen eine oder mehrere in jedem Fache, an der Mittelsäule befestigt. Griffel von der Anzahl der Fächer, getrennt oder theilweise verwachsen, mit gleichvielen oder doppelt so vielen kopfförmigen Narben. Frucht eine trockene, drei=, fünf- oder vielfächerige Kapsel, die in Klappen aufspringt oder in ihre einzelnen Fruchtblätter zerfällt. Samenkörner einzeln oder zu mehreren in jedem Fache, nierenförmig, eiweißlos; Samenlappen gefaltet, das Würzelchen gegen den Nabel gerichtet.

Die über 950 Arten in 30 Gattungen sind meist (⅔) tropisch, und nehmen von da gegen die Pole hin ab. Sie haben alle reichlichen Schleimgehalt und gar keine schädlichen Eigenschaften. Von den Gattungen Malva, Malve, Althaea, Eibisch, Lavatera, Lavatere, werden deshalb Blätter und Wurzeln als schleimig einhüllende Mittel benutzt; die Sammetpappel, Sida Abutilon, wird deswegen, sowie wegen ihrer hanfartigen Fasern in China vielfach gebaut; die kurze Samenwolle des in Ost- und Westindien cultivirten Wollbaumes, Bombax, liefert sehr gutes Material zum Polstern, sein Stamm die Canots der Eingeborenen. Der ungeheure Affenbrodbaum, Adansonia digitata, in Afrika, bis 73′ hoch und 30′ stark, mit 60—70′ langen, starken Bäumen gleichenden Aesten, die eine Krone von 150′ Durchmesser darstellen, sich bis zur Erde neigen und so eine halbkugelige Masse bilden, die einem kleinen Walde gleicht, wird bis 6000 Jahre alt. Wenn er hohl ist, dient er oft mehreren Negerfamilien zur Wohnung. Seine Blätter getrocknet, als Lalo unter die täglichen Speisen gemischt; das angenehme säuerliche Fruchtmark eine erfrischende Nahrung und

Medicin; die an Kali reiche Asche der Fruchthülle mit Palmöl zu Seife verkocht.

Gossypium, die Baumwolle, eine Pflanze der heißen Zone, deren Cultur sich aber bis zur Isotherme von 17½° C. und sogar 16° C. erstreckt, also in Nord-Amerika und Süd-Europa bis 40°, in der Krimm bis 45°, in Asien bis 40° N. Br., in Süd-Amerika bis 30°, am Cap und in Neu-Süd-Wales bis 34° S. Br. Von den zahlreichen Arten wird Gossypium herbaceum seit den ältesten Zeiten im Orient, um das Mittelmeer herum und in Amerika, Goss. arboreum in Ostindien, aber mit Goss. barbadense namentlich in Westindien und Süd-Amerika, Goss. religiosum in China gebaut. Letztere hat eine gelbliche Wolle und liefert den chinesischen Nanking, der jedoch auch mit den Früchten der Acacia arabica gefärbt wird. Andere Arten sind wenigstens in Bezug auf die in den Handel kommende Baumwolle unbedeutend. Die Samenkapseln enthalten viele Samen mit längerer oder kürzerer Wolle; diese durch Walzwerke, oder in Ostindien mit den Händen, von den Samen getrennt (egranirt), liefert die Baumwolle, die je nach der Farbe, Länge und Feinheit von verschiedenem Werthe ist. Die beste ist die Georgia-Baumwolle aus Nord-Amerika. Die meiste Baumwolle führt Nord-Amerika aus, etwa 400 Mill. Pfund, im Werthe von 100 Mill. Thalern. Ebensoviel, jedoch aus verschiedenen Ländern eingeführt, wird ungefähr in England jährlich verarbeitet. Die Gesammtproduction der Baumwolle möchte über 2000 Mill. Pfund im Werthe von 500 Mill. Thlrn. betragen. Sie kleidet mehr Menschen, als irgend ein anderer Stoff. Das nutzbarste und älteste unter den Baumwollengeweben ist das, welches wir nach dem Arabischen Katun nennen. Die öligen Samen liefern ein gutes Brennöl.

Den Malvaceen verwandt ist die tropische Familie der Buettneriaceae, Endl. 213, zu der der Cacaobaum, Theobroma Cacao, gehört, der ursprünglich in Süd-Amerika wild und cultivirt, durch die Spanier auch nach den canarischen Inseln und Philippinen verpflanzt wurde. Seine gurkenartigen gelben Früchte enthalten in einem weißen, faden Fleische die Cacaobohnen, aus denen schon die alten Mexicaner, ganz in unserer jetzigen, von ihnen erlernten Art Schokolatl anfertigten. Europa consumirt etwa 23 Mill. Pfund, im Werthe von etwa 11½ Mill. Thlrn., wovon ⅕ allein auf Spanien kommen.

72. Fam. Tiliaceae, Linden. Endl. 214.

Bäume oder Sträucher mit abwechselnden, einfachen, ganzrandigen oder gesägten Blättern und hinfälligen Nebenblättern; Blüthen in Trauben, blattwinkelständig. Kelch vier- bis fünftheilig, gefärbt, hinfällig, in der Knospenlage klappig. Blumenblätter vier bis fünf, unterständig, gleich, meist so lang als der Kelch. Staubgefäße zahlreich, unterständig, frei. Eine Drüse oder Schuppe vor jedem Blumenblatte. Fruchtknoten frei, sitzend oder gestielt, zwei-, drei-, fünf- bis vielfächerig; ein Griffel, mit einfacher oder getheilter Narbe; selten ist diese sitzend. Frucht ein Nüßchen oder fleischig, zwei- bis vielfächerig, in jedem Fache ein oder viele Samen, an der Achse befestigt. Eiweiß fleischig. Embryo eingeschlossen, gerade, mit flachen Samenlappen.

Von den 250 Arten in 32 Gattungen wachsen die meisten zwischen den Wendekreisen, und nur $\frac{1}{6}$ in den gemäßigten Zonen. Sie enthalten meist Schleim und Gerbstoff. Von manchen dienen die Blätter, von anderen die Früchte und Samen als Nahrungsmittel; viele werden in der Heilkunde gebraucht. Ihr Holz weich und zähe. Das Bast von Tilia, Linde, der einzigen für uns wichtigen Gattung, wird namentlich in Rußland, wo sie große Wälder bildet, zu Geweben und Stricken benutzt, einem nicht unbedeutenden Handelsartikel. Die Samen liefern ein süßes Oel.

Die Gattung Vateria, aus der verwandten Familie der Dipterocarpeae, Endl. 215, liefert ein wohlriechendes Harz, den ostindischen Copal; die Samen derselben durch Auskochen ein talgiges Oel, Pflanzentalg, zur Fabrication von Kerzen und Seifen. Andere Bäume dieser Familie liefern das Dammarharz und den vorzüglichen sumatraischen Baroskampher.

73. Fam. Theaceae, Theesträucher. Endl. 117, z. Th.

Immergrüne Sträucher oder Bäume, mit lederartigen, gesägten Blättern. Die ansehnlichen Blüthen sind zwitterig, winkelständig. Der Kelch fünf- bis siebenblätterig. Blumenblätter fünf, sechs bis neun, oft am Grunde etwas zusammenhängend. Staubgefäße zahlreich, am Grunde vielbrüderig oder einbrüderig und den Blumenblättern anhängend. Fruchtknoten dreifächerig mit mehreren Samenknospen, bildet sich zur dreifächerigen, dreiklappigen Kapsel, mit einem großen, eiweißlosen Samen in jedem Fache aus.

Camellia japonica und andere Arten in Japan einheimisch, und dort, wie in China, seit undenklichen Zeiten des Samenöles, sowie der Blätter wegen, die man dem Thee beimischt um ihm größeren Wohlgeruch zu geben, cultivirt, ist jetzt eine der beliebtesten Zierpflanzen unserer Treibhäuser, in denen sie in unzähligen Spielarten gezogen wird.

Thea chinensis, wild in China und Assam, seit dem vierten Jahrhundert in China, Korea und Japan cultivirt, verbreitete sich von da westlich und südlich, namentlich nach Java und Ceylon. Weniger günstig sind die Erfolge in Brasilien, auf Helena und am Cap. Man unterscheidet 3 Hauptvarietäten: Thea chinensis viridis, grüner, Th. ch. Bohea, brauner, und Th. ch. stricta, straffer Theestrauch, deren Blätter vom dritten bis achten Jahre den Thee liefern. Später werden die Sträucher abgehauen, damit sie neue Wurzelschößlinge treiben. Die vielen Theesorten (in China unterscheidet man über 57) rühren von den Spielarten dieser 3 Pflanzen, vom Boden, von der Zeit des Einsammelns und von der größeren oder geringeren Sorgfalt bei der Zubereitung her. Durch die letztere, namentlich durch das Rösten, wohl auch durch die Beimischung wohlriechender Blätter und Blüthen (Rosa indica odoratissima und Camellia Sasanqua) erhalten die Blätter erst ihren angenehmen Geruch und Geschmack. Man sammelt die Blätter zweimal im Jahre, im Frühlinge und Herbste; die erste Ernte giebt den besten Thee. Die Blätter werden durch heißes Wasser gezogen, dadurch von ihrem vorher stark zusammenziehenden und widrig scharfen Geschmacke befreit, dann auf heißen Eisenblechen etwas abgetrocknet und hierauf, während des allmäligen Abtrocknens, mit den Händen verschieden gerollt. Man unterscheidet im Handel zwei Hauptsorten, den grünen und den braunen oder Karawanen-Thee, mit vielen Unterarten.

In China ist derselbe seit mehr als 1000 Jahren Nationalgetränk und verdankt namentlich dem Mangel an gutem Trinkwasser seine Verbreitung. Europa, wohin er zuerst 1610 durch die Holländer gebracht wurde, consumirt jährlich 50 Mill. Pfund, und zwar ist der Verbrauch in England am stärksten, nächstdem in Holland; in Süd-Europa unbedeutend.

Guter Thee erregt das Nervensystem, wirkt belebend, stärkend und aufheiternd. In großer Menge genossen, oder zu stark bereitet, wird der Thee schädlich, indem er narkotisch wirkt. — Die als Surrogate vorgeschlagenen Blüthen von Primula veris und die Blätter der Erdbeere ersetzen den Thee auch nicht annähernd; glücklicher sollen in England angestellte Versuche mit Blättern des Hagedorns ausgefallen sein.

74. Fam. Hypericineae, Hartheupflanzen. Endl. 220.

Kräuter, Sträucher oder Bäume mit meist entgegengesetzten, ganzrandigen, durchscheinend punktirten Blättern, ohne Nebenblätter. Blüthen regelmäßig, zwitterig, gipfel- oder blattwinkelständig, meist gelb. Kelch 4—5blätterig oder theilig, frei oder am Grunde verwachsen, bleibend, oft drüsig punktirt und gewimpert, in der Knospenlage klappig. Blumenblätter 4—5, mit den Kelchblättern abwechselnd, oft auf einer Seite gezähnelt, in der Knospenlage gedrehte Staubgefäße, zahlreich, selten 5 oder 10, unterständig, am Grunde in 3 oder 5 Bündel verwachsen, selten frei oder einbrüderig. Fruchtknoten frei, kugelig, mit drei bis fünf oder vielen, freien oder zusammengewachsenen Griffeln und einfachen Narben. Frucht eine Kapsel oder Beere, drei- bis fünf- oder einfächerig. Samenkörner zahlreich an der Mittelsäule oder den Scheidewänden befestiget. Embryo gerade, ohne Eiweißkörper.

Die 230 Arten in 9—12 Gattungen kommen zur Hälfte zwischen den Wendekreisen, die übrigen in den gemäßigten Zonen vor, namentlich in Nord-Amerika. Sie enthalten sämmtlich harzige Säfte, vorzüglich gelbes und rothes Gummiharz und ätherisches Oel und eignen sich wegen der ersteren Bestandtheile oft zum Färben oder zur Medicin. Vismia laccifera, in Brasilien, liefert das amerikanische Gummi-Gutti. Bei uns nur Hypericum, Hartheu oder Johanniskraut, in mehreren Arten, von denen H. perforatum in der Medicin und zum Färben benutzt wird. In der Johannisnacht gesammelt, sollte es gegen Hexerei dienen.

Die verwandte tropische Familie der Clusiaceae, Endl. 218, ausgezeichnet durch Schönheit der Blüthen und oft höchst wohlschmeckende Früchte, liefert aus vielen Pflanzen der Gattung Garcinia in Süd-Asien, einen gummiharzigen weißlich grünen oder schön gelben Milchsaft, der theils in Künsten und Gewerben wie Harz und Pech, theils als Gummi-Gutti in der

Malerei benutzt wird. Das reichliche Oel der Samen dient zum Brennen, das höchst dauerhafte Holz (Eisenholz, bois de fer) zu verschiedenen Zwecken. Die Früchte der Mangostane, Garcinia Mangostana, und des Mammeibaumes, Mammea, werden für die köstlichsten Früchte der Erde gehalten. Canella alba aus Westindien liefert den weißen Zimmet.

Die Tamariscineae, Tamarisken, Endl. 223, eine kleine Familie der nördlichen gemäßigten Zone, sind ebenfalls den Hypericineen ähnlich. Vorherrschender Gerbstoff und Bitterstoff bedingt die Benutzung der Tamariske, Tamarix, zum Gerben und als Hopfen. Der aus manchen Arten, in Folge des Stiches von Coccus mammiparus, einer Schildlaus, ausschwitzende Schleimzucker oder Manna wird für das Manna der Wüste gehalten.

75. Fam. Aurantiaceae, Orangenbäume. Endl. 226.

Unbehaarte Bäume oder Sträucher, fast allenthalben mit Oelbehältern versehen. Die schönen, lederartigen, immergrünen Blätter mit dem Stiel gegliedert und meist zusammengesetzt. Kelch kurz, napfförmig, vier- bis fünfzähnig; Kronenblätter eben so viele, frei oder am Grunde verwachsen. Staubgefäße doppelt oder mehrmal so viele, oft verwachsen, um eine unterständige Scheibe angeheftet. Pistill aus mehreren verwachsenen Fruchtblättern gebildet, mit einem einzigen, walzigen Griffel mit dicker Narbe. Frucht eine vielfächerige Beere mit lederartiger, dicht mit Oeldrüsen besetzter Schale. Die Fächer oft mit einem zelligen, blasigen Fruchtbrei erfüllt, ein- oder mehrsamig. Die großen Samen eiweißlos, der Keim gerade; oft mehrere Keime (Polyembryonia).

Die 44 Arten in 12 Gattungen meist in Ostindien, von da nach den übrigen Tropenländern, so wie nach dem mittägigen Europa eingeführt. Sämmtlich ausgezeichnet durch vortreffliches, hartes Holz, schöne Belaubung, wohlriechende Blüthen, wohlschmeckende, säuerliche Früchte und ätherisches, krampfstillendes Oel in fast allen Theilen. Wichtig sind nur die beiden Arten Citrus Aurantium, die Pomeranze, und Citrus medica, die Citrone; beide, in sehr vielen, von Einigen als eigene Arten angesehenen Abarten in allen heißen Ländern cultivirt.

76. Fam. Cedrelaceae, Harthölzer. Endl. 228.

Bäume mit wechselständigen, paarig, selten unpaarig gefiederten noch seltener einfachen Blättern, ohne Nebenblätter. Die zwitterigen Blüthen stehen in Rispen, haben einen 4—5theiligen Kelch, 4—5 Kronenblätter, eben oder doppelt so viele getrennte oder einbrüderige Staubgefäße, einen fünffächerigen Fruchtknoten mit einem Griffel und einer kopfförmigen oder gelappten Narbe. Eine holzige, fünffächerige Kapsel mit vielen zweireihigen, geflügelten Samen an einer bleibenden Mittelsäule. Samen mit oder ohne Eiweißkörper; Keim gerade; Würzelchen gegen den Nabel.

Diese kleine tropische Familie ist durch bittere, abstringirende Stoffe in der Rinde medicinisch wichtig; Cedrela febrifuga namentlich fiebervertreibend. Das höchst dauerhafte, schöne, verschieden gefärbte Holz der hierher gehörigen Pflanzen ist sehr gesucht. So liefert Swietenia Mahagoni, in Central-Amerika und Westindien das Mahagoniholz, welches nach seinem Standorte (am besten gedeiht es auf trocknem felsigen Boden oder in freier Lage) von verschiedener Güte, Härte und Farbe ist, und verschiedene Namen nach dem Vaterlande führt. Die besten Sorten Mahagoni stehen in sehr hohem Preise: es ist der Fall bekannt, daß eine Pianoforte-Fabrik in London für 3 Blöcke von 15 Fuß Länge und 38 Zoll im Geviert, welche aus einem einzigen Baume geschnitten waren, die ungeheure Summe von 3000 L. Sterl., also 21,000 Thaler gezahlt hat! Andere Arten und Gattungen liefern das Bois d'Acajou, Reed-Wood, Satin-Wood, Yellow-Wood und Calicedra-Wood, sämmtlich sehr geschätzte Hölzer zu feineren Tischlerarbeiten.

77. Fam. Acerineae, Ahornbäume. Endl. 229.

Bäume mit gegenüberstehenden, einfachen, gelappten oder getheilten, selten unpaariggefiederten Blättern, ohne Nebenblätter. Achselständige Trauben oder Doldentrauben. Blüthen oft polygamisch, zuweilen ohne Blumenkrone. Blüthenstielchen sämmtlich mit Bracteen versehen. Kelche fünf-, selten vier- oder neuntheilig. Blumenblätter eben so viele, um einen sehr fleischigen, unterständigen Diskus gestellt. Acht freie Staubgefäße auf dem Diskus. Fruchtknoten frei, zusammengedrückt, zweilappig, zweifächerig; zwei Samenknospen in jedem Fache, aufrecht, am inneren Winkel befestigt. Ein Griffel mit zwei Narben. Die Frucht besteht aus zwei nicht aufspringenden, in einen häutigen Flügel verlängerten, ein- oder zweisamigen Theilfrüchtchen. Fleischige, verdickte Samenschale; Embryo gekrümmt, mit blattartigen, unregelmäßig gefalteten Cotyledonen und einem nach unten gekehrten Würzelchen, ohne Eiweiß.

Die 32 Arten in den beiden Gattungen Acer, Ahorn, und Negundo, Eschhorn, sind nur in der nördlichen gemäßigten Zone, namentlich in Amerika zu Hause. Alle haben ein gutes, festes Holz, Gerbstoff oder Farbestoff in der Rinde und zuckerhaltigen Saft, der von den Indianern, namentlich von Acer saccharinum, Zuckerahorn, im Februar und März durch Anbohren gewonnen und zu Zucker eingekocht wird. Ein zehnjähriger Baum gibt in einigen Wochen 80—90 Quart Saft und daraus 4—5 Pfd. Zucker. Die Gesammtproduction wird auf 14 Mill. Pfund geschätzt, die jedoch in Amerika, namentlich im Inneren verbraucht werden und nicht in den Handel kommen. Versuche, die in Europa angestellt wurden, gaben nicht so günstige Resultate. Man erhielt in Oesterreich durchschnittlich nur 32 Quart Saft vom Baume und hieraus höchstens 1 Pfund, meist aber nur 4 Loth Zucker.

Den Acerineen mehr oder weniger verwandt sind folgende Familien:

Die Erythroxyleae, Rothhölzer, Endl. 231, eine süd-amerikanische, tropische Familie, deren Bäume ein dauerhaftes, dunkeles Holz und in Rinde und Früchten einen rothen Farbstoff besitzen. Die Blätter vom Cocastrauch, Erythroxylon Coca, werden von den Peruanern mit der Asche von Quinoa (Chenopodium Quinoa), wie Betel von den Indiern, allgemein gekaut, und sind fast unentbehrliches Lebensbedürfniß; zugleich ein Surrogat des chinesischen Thee's. Bolivia producirt davon jährlich 10 Millionen Pfund.

Die Sapindaceae, Seifenbäume, Endl. 232, tropisch, zumeist süd-amerikanisch, enthalten in dem kleberigen Fruchtfleische oft einen scharfen, seifenartigen Stoff, weshalb sie gleich der Seife angewendet werden, jedoch zum Nachtheile der dadurch sehr angegriffenen Wäsche. Die Früchte von einigen sind eßbar, von anderen dagegen, ebenso wie der aus den Blüthen gesammelte Honig, höchst giftig.

Die Hippocastaneae, Roßkastanien, von Vielen zur vorigen Familie gerechnet, sind ausgezeichnet durch gegenüberstehende, gefingerte Blätter, unregelmäßige Blüthen und große Samen. Sie sind eine nord-amerikanische Form; nur Aesculus Hippocastanum wurde 1588 aus Persien eingeführt. Die mehlreichen Samen dienen leider meist nur zur Viehfütterung, eigenen sich aber auch zur Darstellung von Stärkemehl und Branntwein. Durch den darin enthaltenen Bitterstoff sind sie, wie auch die Rinde, officinell. Das weiche Holz ist von Tischlern sehr geachtet.

78. Fam. Polygaleae, Kreuzblumen. Endl. 235.

Sträucher oder Kräuter mit wechselständigen Blättern, ohne Nebenblätter. Blüthen unregelmäßig, einzeln in den Blattwinkeln oder in deckblätterigen Trauben. Von den fünf Kelchblättern sind die inneren kronenblattartig und größer. Von den fünf oder drei, unter sich und mit den Staubfäden mehr oder weniger verwachsenen Blumenblättern, ist das untere am größten, nachenförmig, hohl und schließt die meist acht, in eine oder zwei Röhren verwachsenen Staubfäden ein. Staubbeutel mit einem Loche oder der Quere nach aufspringend. Fruchtknoten zwei-, selten einfächerig, bildet sich zur zweifächerigen, zweisamigen, seltener einfächerigen und einsamigen Kapsel aus. Die Samen mit dickem Wulst versehen.

Die 340 Arten in beiden gemäßigten und der heißen Zone, meist am Cap. Bitterkeit in den Blättern und brechenerregende Milch in den Wurzeln bedingen ihre Anwendung in der Heilkunde. Die Wurzel von Polygala Senega in Nord-Amerika gegen den Biß der Klapperschlange, bei uns gegen Brustleiden sehr geschätzt. Technisch sind sie ganz unwichtig. Wir haben bei uns nur die Gattung Polygala, Kreuzblume, in mehreren Arten und Abarten.

79. Fam. Rhamneae, Kreuzdörner. Endl. 241.

Bäume, Sträucher oder Halbsträucher, oft dornig. Blätter zerstreut- oder gegenüberstehend, oft mit 2 Nebenblättchen versehen. Blüthen klein, zuweilen diclinisch, bald in den Achseln der Blätter einzeln oder büschelförmig angehäuft, bald in einfachen oder ästigen, achsel- und gipfelständigen Trauben oder Aehren vereinigt. Kelch vier- oder fünfspaltig, im Grunde mit einem dünnen, fleischigen Diskus bekleidet, stehenbleibend. Blumenblätter vier oder fünf, klein, vertieft, perigynisch, am Rande des Diskus befestigt. Staubgefäße eben so viel als Blumenblätter, vor denselben dem Kelchrande eingefügt. Fruchtknoten frei, zuweilen mit dem Kelche verwachsen, zwei- oder drei-, selten vierfächerig. Samenknospen einzeln (sehr selten gepaart), aufrecht. Griffel bald ungetheilt, bald zwei- oder dreispaltig, mit eben so vielen Narben. Frucht entweder trocken, im Gehäuse sich lösend, oder fleischig. Samen mit fleischigem Eiweiß; Embryo gerade, Würzelchen nach unten.

Die über 250 Arten in etwa 25 Gattungen sind in der heißen und den gemäßigten Zonen, namentlich aber in den wärmeren Theilen der letzteren zu Hause; die meisten in Amerika, wenige in Europa. Bitterer Extractivstoff, scharfer, purgirender Stoff und verschiedene Farbstoffe sind die vorwaltenden Bestandtheile. Aus dem Safte der Früchte von Rhamnus cathartica, Kreuzdorn, die auch officinell sind, bereitet man unter Zusatz von Alaun und Magnesia das Saftgrün; die Beeren von anderen Arten dienen unter dem Namen Gelbbeeren, Graines d'Avignon, zum Gelbfärben; ebenso deren Rinde. Die Kohle von Rhamnus Frangula, Faulbaum, dient zur Schießpulverfabrication. Die Beeren mehrerer Arten von Zizyphus, Judendorn, sind schleimig, sehr süß und wohlschmeckend. Aus den Dornen von Ziz. Spina Christi soll die Dornenkrone Christi bestanden haben.

Den Rhamneen in Bau und Eigenschaften, wie in der Benutzung sind die Ilicineae, Endl. 240, ähnlich, von denen bei uns nur Ilex Aquifolium, die Stechpalme, wächst.

Staphylea pinnata, Pimpernuß, aus der ebenfalls wenig verschiedenen, kleinen Familie der Staphyleaceae, Endl. 237, hat eßbare, aber gelinde purgirende Samen, die ein gutes Oel geben. Die eingemachten Blüthenknöpfe ersetzen die Kappern.

Die Celastrineae, Spindelsträucher, Endl. 238, ebenfalls früher zu den Rhamneen gerechnet, sind bei uns vertreten durch Evonymus europaeus, Spindelbaum, Pfaffenkäppchen, dessen niedliche, rothe Fruchtkapseln mit den großen, in einen pomeranzengelben Mantel gehüllten Samen, wie der ganze Strauch giftig sind, Brechen und Purgiren erregen. Das feste, gelbliche Holz ist zu Drechslerarbeiten sehr tauglich, erregt aber bei der Verarbeitung Uebelkeit und Erbrechen.

80. Fam. Euphorbiaceae, Wolfsmilchpflanzen. Endl. 245.

Bäume, Sträucher oder Kräuter, die meistens einen giftigen Milchsaft enthalten. Blätter abwechselnd, selten gegenüberstehend, einfach, ganzrandig, oder gezahnt oder getheilt, zuweilen von 2 Nebenblättchen begleitet. Blüthen einzeln, in Bündeln, Aehren, Trauben, Dolden oder Rispen, in den Blattwinkeln oder gipfelständig, von Deckblättern begleitet, die zuweilen eine Art Hülle bilden, monöcistisch oder diöcistisch. Kelch vier-, fünf- oder sechsspaltig, selten zwei-, drei- oder vierblätterig, zuweilen gar nicht vorhanden. Blumenkrone fehlend; an ihrer Stelle zeigen sich zuweilen schuppenförmige oder blumenblattartige Organe, welche alsdann mit den Kelchblättern abwechseln. Staubgefäße der männlichen Blüthen von bestimmter oder unbestimmter Anzahl, entspringen auf dem Blüthenboden, und sind zuweilen nach unten verwachsen. Die weibliche Blüthe hat einen freien, meist sitzenden (in Euphorbia gestielten und gegliederten, von den gestielten und gegliederten Staubgefäßen umgebenen) Fruchtknoten, der meist drei-, zuweilen zwei- oder mehrfächerig ist. Die Fächer sind kugelförmig an einem Centralsäulchen befestigt, durch dieses von einander geschieden, und enthalten 1 — 2 hängende Samenknospen. Griffel so viele als Fächer, frei oder verwachsen, zuweilen fehlend, die Narben dann lappig. Die gewöhnlich trockene, zuweilen fleischige Frucht ist zwei-, drei- oder mehrgehäusig, die Gehäuse zuweilen zweiklappig. Die ein oder zwei Samenkörner hängen an der stehenbleibenden Centralsäule und haben im fleischigen Albumen einen rechtläufigen Embryo.

Die 1150 Arten in über 100 Gattungen in der heißen und beiden gemäßigten Zonen, nach den Polen hin abnehmend. Bei gleichem Blüthen- und Fruchtbau zeigen sie ein sehr verschiedenes äußeres Ansehn. Fast alle Arten besitzen einen scharfen oft sehr ätzenden weißen Milchsaft und sind dadurch bald gefürchtete Gifte, bald geschätzte Arzneimittel. Viele finden in Künsten und Gewerben Anwendung; von einigen dienen gewisse Theile sogar als Nahrung.

Euphorbia, Wolfsmilch, bei uns krautartig, beblättert, in vielen Arten, zwischen den Wendekreisen strauchartig, mit fleischigen, kantigen oder höckerigen Stämmen, zum Theil blattlos und mit Dornen und ganz die Tracht der Cacteen nachahmend, hat immer einen ätzenden, scharfen, sehr giftigen Milchsaft, der von manchen tropischen Arten eingetrocknet und als Euphorbienharz in der Medicin, so wie von den Aethiopiern zum Vergiften der Pfeile gebraucht wird. Auch die deutschen Arten sind sämmtlich mehr oder weniger scharf giftig. Die Wurzelrinde und die Samen wirken stark abführend; der Milchsaft ist beizend, zieht Blasen und kann zur Vertreibung der Warzen und Hühneraugen gebraucht werden. Brechmittel, darauf schleimige Dinge dienen als Gegenmittel bei Vergiftungen.

Stillingia sebifera, der chinesische Talgbaum, liefert aus den Samen ein mildes Brennöl, aus ihrer talgigen Umhüllung aber gutes Material zur Verfertigung von Kerzen. Der Milchsaft des Mancinellenbaumes, Hippomane Mancinella (siehe Fam. 31. Urticaceae), ist tödtlich giftig und liefert das caraibische Pfeilgift. Fische und Krebse fressen die dem Menschen tödtlichen Früchte ohne Nachtheil, doch werden sie selbst dadurch eine schädliche Speise.

Siphonia elastica, Kautschukbaum, in Guiana und Brasilien, liefert aus dem scharfen Milchsafte, der über flaschenförmige thönerne Formen gestrichen und im Rauche getrocknet wird, den größten Theil des bei uns im Handel vorkommenden Gummi elasticum, Kautschuk, Caoutchuk oder Federharz. Derselbe kommt auch flüssig in kupfernen Flaschen in den Handel und es wird namentlich dieser in England zur Anfertigung wasserdichter Zeuge benutzt. Die Samen dieses Baumes sind eßbar und schmackhaft.

Der tropisch amerikanische, aber auch im tropischen Afrika und Asien im Großen cultivirte Maniokstrauch, Iatropha Manihot, liefert aus seinen armdicken, fleischigen Wurzeln das Maniok- oder Cassave-Mehl. Die süße Varietät, Manihot Aipi, ist durchaus unschädlich, die bittere aber, Manihot utilissima, enthält einen weißen, sehr giftigen, durch Auswaschen oder Rösten aber leicht zu entfernenden Milchsaft. Man unterscheidet ein feines Satzmehl Tapiocca und ein gröberes, mit den Fasern gemengtes Mandiocca oder Cassave. Der Ertrag ist sehr reichlich und liefert auf einem Morgen Landes sechs mal so viel Nahrungsstoff als Weizen; doch dauert die Cultur 8—18 Monate.

Erwähnenswerth sind endlich noch die Gattung Croton, deren Samen ein höchst scharfes brennendes Oel, das Crotonöl liefern, sowie Ricinus, der Wunderbaum, dessen Oel zwar auch purgirend, aber gelinder wirkt, und Buxus, der Buchsbaum, dessen hartes, schweres, schön blaßgelbes Holz zu Drechslerarbeiten und zu den Holzschnitten, sowie zu Blasinstrumenten verarbeitet wird. Auch Mercurialis, Bingelkraut, gehört hierher.

81. Fam. Juglandeae, Wallnußbäume. Endl. 246.

Monöcische Bäume mit gefiederten Blättern ohne Nebenblätter. Männliche Blüthen in Kätzchen oder dichten Aehren; die weiblichen gipfelständig, einzeln, oder zu zwei bis drei in kurzen, lockeren Aehren. Männliche Blüthendecke häutig, zwei- bis sechstheilig, der Schuppe schief angewachsen; Antheren 3—36. Die weibliche Blüthendecke mit dem Fruchtknoten verwachsen, als viertheiliger Rand bemerkbar. Bisweilen ist noch eine zweite, vierblätterige Blüthendecke vorhanden. Fruchtknoten einfächerig, mit einer aufrechten Samenknospe. Griffel 1—2, sehr kurz mit fleischiger, gefranzter Narbe; oder letztere sitzt und ist viertheilig und groß. Frucht eine Steinfrucht, mit einem großen, nach unten vierlappigen Samen, ohne Eiweiß. Samenlappen dick, zweilappig, buchtig gerunzelt. Würzelchen nach oben, Federchen gefiedert.

Keine einzige Art findet sich ursprünglich in Europa; die meisten der 26 Arten sind in Amerika einheimisch. Die grünen Früchte des gemeinen Wallnußbaumes, Juglans regia, werden theils reif, theils unreif in Zucker eingemacht, gegessen; das aus den Kernen gepreßte Oel wird an den Speisen und sonst gebraucht; die grünen Fruchtschalen geben eine dauerhafte, braune Farbe, und das harte und dichte, dunkelbraune Holz alter Bäume gehört unter die besten europäischen Holzarten. Aus dem Safte hat man auch krystallisirten Zucker dargestellt.

82. Fam. Anacardiaceae, Firnißbäume. Endl. 247.

Bäume oder Sträucher mit abwechselnden, einfachen, dreizähligen oder gefiederten Blättern ohne Nebenblätter. Blüthen oft diclinisch. Kelch meist fünftheilig; eben so viele Kronenblätter und Staubgefäße; letztere zuweilen in doppelter Anzahl oder auch theilweise verkümmert, meist frei, auf einem Diskus befestigt. Fruchtknoten meist einzeln, frei, einsamig. Griffel drei, zuweilen fehlend. Frucht nicht aufspringend, in der äußeren Fruchthülle terpentinartig oder ätzend. Samen ohne Eiweißkörper.

In der heißen und den wärmeren Ländern der gemäßigten Zonen. Ihre Wichtigkeit beruht in der Verwendung der harzigen Säfte; manche haben eßbare Früchte, viele aber auch scharfe ätzende Säfte; mehrere sind sogar sehr giftig.

Pistacia vera, gemeine Pistazie, liefert die süßen, wohlschmeckenden, ölreichen Pistazien-Nüsse; aus P. Terebinthus gewinnt man den cyprischen Terpentin, von P. Lentiscus das zu Räucherpulver und in der Medicin gebrauchte Mastixharz. — Fast alle Theile von Rhus Cotinus, Perrückensumach, und Rh. Coriaria, Gerbersumach, werden zum Gerben benutzt; das Holz des ersteren auch zu Furnierarbeiten, sowie als Fisetholz oder Bisetholz zum Gelbfärben. Rhus Toxicodendron, Giftsumach, ist ein gefürchteter Giftstrauch, dessen Berührung, ja bloße Ausdünstung bei manchen Menschen heftige Anschwellungen und Ausschlag erzeugt, während es anderen nicht schadet. — Unter dem Namen Elephantenläuse brauchte man früher die Früchte von Anacardium occidentale und Semecarpus Anacardium in der Medicin; die fleischigen, bis zur Größe einer Birne anschwellenden Blüthenstiele werden als Obst genossen.

Von den Anacardiaceen sind nur durch den mehrfächerigen Fruchtknoten verschieden, die Burseraceae, Balsambäume, Endl. 248, von denen der arabische Myrrhenbaum, Balsamodendron Myrrha, die zum Räuchern und in der Medicin benutzte Myrrhe aus der Rinde ausfließen läßt. Der Weihrauch, von gleicher Anwendung, kommt vom Weihrauchbaume, Boswellia, in Ostindien. Andere Gattungen liefern ähnliche Harze.

83. Fam. Rutaceae, Rauten. Endl. 253—255.

Kräuter oder Sträucher mit gegen- oder wechselständigen Blättern, welche häufig mit durchscheinenden Punkten besetzt sind. Blüthen in der Regel zwitterig. Kelch 3—5blätterig; Blumenblätter 4—5, selten fehlend. Staubgefäße 5—10, ein oder das andere von ihnen zuweilen unvollkommen ausgebildet, oder ganz fehlend. Fruchtknoten auf einer drüsenartigen Scheibe, 3 bis 5fächerig, jedes Fach mit ein bis zwei oder mehr zweireihigen Samenknospen. Griffel drei bis fünf, oft verwachsen. Frucht eine drei- bis fünffächerige, ein- bis vielsamige Kapsel, die harten Samen mit Eiweißkörper.

Die meisten wachsen in den wärmeren Theilen der beiden gemäßigten Zonen, und zwar die Gruppe der Rutaeae, mit 30 Arten in 4 Gattungen und die der Zygophylleae, mit 60 Arten in 10 Gattungen, in der nördlichen, die der Diosmeae, mit 250 Arten in 35 Gattungen, vorzüglich in der südlichen gemäßigten Zone; alle nach den Polen, wie nach dem Aequator hin abnehmend. Alle zeichnen sich aus durch einen starken, oft unangenehmen Geruch; enthalten vorzüglich harzige und ätherisch ölige Bestandtheile, oft auch einen eigenthümlichen, scharfen Bitterstoff. Viele sind officinell.

Ruta graveolens, gemeine Raute, stark und unangenehm riechend, heilkräftig, soll Amphibien aus den Gärten und feuchten Kellern abhalten. Die Samen von Peganum Harmala, Harmelraute, im Orient, dienen den Türken als Gewürz; geröstet und mit Schwefelsäure behandelt, sollen sie das türkische Roth liefern, welches nach Anderen aus den Wurzeln einer Art Rubia gewonnen wird.

Dictamnus albus, Diptam, der einzige Vertreter der Abtheilung der Diosmeae in unserer Flora, war früher officinell. Das an heiteren warmen Tagen, vorzüglich gegen Abend in größerer Menge verdünstende, ätherische Oel der an allen Blüthentheilen vorkommenden Drüsen, bildet eine Atmosphäre um die Blüthentraube, die sich, wenn man mit einem Lichte zu nahe kommt, entzündet. (Dieselbe Erscheinung ist noch bei einer Menge anderer Pflanzen, wie Lilium bulbiferum, Helianthus annuus, Tagetes patula, Calendula officinalis, Tropaeolum majus u. s. w. beobachtet worden; immer aber nur in seltenen Fällen.)

Aus der Gruppe der Zygophylleae ist zu erwähnen Guajacum officinale, Guajakbaum, der das in der Medicin gebräuchliche Guajakharz und das Franzosenholz liefert. Das grünlich braune Kernholz desselben ist sehr schwer, so daß es im Wasser untersinkt und wird als Lignum sanctum, Heiligenholz oder Pockholz, zu Drechslerwaaren verarbeitet.

Die verwandte tropische Familie der Simarubeae, Endl. 251, liefert von Quassia amara das surinamische Quassienholz, durch seinen Gehalt an Quassien-Bitter eine der bittersten Substanzen der Medicin.

Die Zanthoxyleae, Gelbhölzer, Endl. 252, meist tropisch, enthalten viel ätherisches Oel und Harz, nebst einem bitteren Stoffe und oft auch einem gelben Farbstoffe. Ptelea trifoliata, Lederblume oder Kleestrauch, einer unserer Ziersträucher, gehört hierher; seine bitteren Früchte könnten vielleicht wie Hopfen gebraucht werden.

84. Fam. Geraniaceae, Storchschnäbel. Endl. 256.

Stengellose Kräuter oder Halbsträucher mit abwechselnden, einfachen, ganzen, handförmig- oder fiederförmig getheilten Blättern und Nebenblättern. Blüthen blattwinkel- oder blattgegenständig. Kelch fünfblätterig; Kronenblätter 5, selten 4; Staubgefäße 10, selten 15, am Grunde einbrüderig. Fruchtknoten aus fünf an einander gewachsenen Theilfrüchtchen bestehend, deren jedes einfächerig ist und an seinem inneren Winkel zwei Samenknospen trägt. Die 5 Griffel sind in einen verwachsen mit 5 Narben. Die Frucht besteht aus den 5 Theilfrüchtchen, die vom Griffel geschwänzt, einfächerig, einsamig sind, nicht aufspringen, aber bei der Reife von der Centralaxe sich der ganzen

Länge nach lösen und nur oben befestigt bleiben. Der Embryo ohne Eiweißkörper.

Die etwa 500 Arten in 4 — 8 Gattungen finden sich meistens in den gemäßigten Zonen, die meisten, namentlich aus der Gattung Pelargonium, Kranichschnabel, am Cap, die Gattungen Geranium, Storchschnabel, und Erodium, Reiherschnabel, besonders in Europa. Viele zeichnen sich durch Schönheit und Reichthum der Blüthen aus; alle haben einen gewürzhaften oder harzigen Geruch und zusammenziehenden Geschmack. Technisch wichtig ist keine Art.

85. Fam. Lineae, Leinpflanzen. Endl. 257.

Kräuter mit einfachen, ganzen, abwechselnden Blättern, ohne Nebenblätter; die zwitterigen Blüthen in gipfelständigen Trugdolden. Kelch 5blätterig oder vierspaltig, bleibend; 4 oder 5 unterständige, in der Knospe gedrehte, meteorologische Blumenblätter. Der Fruchtknoten hat 3 — 5 Griffel und wird zur fünffächerigen, aber wegen der unvollständigen Scheidewand in jedem Fache scheinbar 10fächerigen Kapsel mit 10 eiweißlosen Samen.

Die etwa 80 Arten in den beiden Gattungen, Linum, Lein, und Radiola, Strahlkraut, wachsen namentlich am Mittelmeere, sind aber bei uns durch mehrere Arten vertreten. Sie enthalten bittere, purgirende Stoffe in den Blättern, Schleim und Oel in den Samen, manche Arten ein zu technischen Zwecken taugliches Bast in den Stengeln.

Linum usitatissimum, Lein, in ganz Europa bis 64° N. Br., im nördlichen Asien, auf den Plateau's von Indien, in Aegypten, Nord-Amerika, Mexico, selbst unter den Tropen, wo die mittlere Temperatur unter 14° C. ist, namentlich des Bastes wegen gebaut, der als Flachs die Leinwand liefert. Hauptausfuhr von Flachs und Hanf aus Rußland, zusammen im Betrage von 25 Mill. Thalern. Süd-Europa und England müssen einführen. Die braunen, glänzenden Samen enthalten in der äußeren Samenschale viel Schleim, der sich in kochendem Wasser löst; durch Auspressen liefern sie das Leinöl und daraus Firniß.

86. Fam. Oxalideae, Sauerkleekräuter. Endl. 258.

Meist Kräuter mit wechselständigen, gefingerten, selten gefiederten, reizbaren Blättern, ohne Nebenblätter. Blüthen zwitterig, in Trugdolden, Dolden oder einzeln blattwinkelständig. Kelch fünfblätterig, bleibend; Blumenblätter 5; Staubgefäße 10, am Grunde oft verwachsen; Fruchtknoten fünffächerig, fünfkantig, in jedem Fache mehrere Samenknospen übereinander; fünf Griffel. Die Frucht ist eine fünffächerige Kapsel oder Beere, mit mehreren eiweißhaltigen Samen.

Die etwa 250 Arten in 3 Gattungen wachsen in der heißen und beiden gemäßigten Zonen, namentlich in Amerika und am Cap. Durch ihren Gehalt an Sauerkleesalz oder oxalsaurem Kali sind sie in der Technik und Medicin wichtig; einige haben wohlschmeckende Knollen. Bei uns ist nur die einzige Gattung Oxalis, Sauerklee, mit 3 Arten.

87. Fam. Balsamineae, Springkräuter. Endl. 259.

Saftige Kräuter mit knotig-verdickten Gelenken an Stengel und Aesten, einfachen, abwechselnden oder gegenüberstehenden Blättern, ohne Nebenblätter. Die zwitterigen oder polygamischen, unregelmäßigen Blüthen blattwinkelständig, einzeln oder doldig gehäuft. Vier sehr ungleiche, gefärbte Kelchblätter, das eine von ihnen spornartig, das diesem gegenüberstehende helmförmig, die beiden seitlichen sehr klein. Zwei zweispaltige unsymmetrische Blumenblätter. Das gespornte Kelchblatt umhüllt die übrigen vor dem Aufblühen. Im Grunde des helmförmigen stehen 5 Staubgefäße, deren Filamente oben verwachsen. Der freie, fünffächerige Fruchtknoten mit sitzender Narbe bildet sich zur fünffächerigen, mit Federkraft aufspringenden Kapsel aus. Die zahlreichen Samen ohne Eiweiß.

Die 50 Arten in 2—3 Gattungen sind in Ostindien vorherrschend, haben keine besonderen Eigenschaften und sind ohne technische Anwendung. Bei uns nur Impatiens Noli tangere, Springkraut, und Imp. Balsamina, Garten-Balsamine, letztere in vielen Spielarten.

88. Fam. Tropaeoleae, Kapuzinerkressen. Endl. 260.

Kräuter mit abwechselnden, schildförmigen, meist ganzen Blättern, ohne Nebenblätter. Blüthen zwitterig, einzeln blattwinkelständig. Kelch fünftheilig, gespornt, gefärbt. Krone fünfblätterig, unregelmäßig; Staubgefäße 8. Der Fruchtknoten besteht aus 3, nur in der Achse verwachsenen Theilfrüchtchen mit einem Griffel und 3 Narben, und bildet sich zur dreigehäusigen, trockenen Frucht aus, deren einsamige Theile nicht aufspringen. Samen eiweißlos.

Von den nicht zahlreichen süd-amerikanischen Gattungen und Arten wird bei uns nur die Kapuzinerkresse, Tropaeolum, cultivirt. Wegen des scharfen, kressenartigen Geschmackes werden die Blätter als Salat gegessen und, wie die Blüthen, gegen den Scorbut gebraucht. Die Blumenknospen und unreifen Früchte, in Essig eingemacht, ersetzen die Kappern.

89. Fam. Oenothereae, Nachtkerzen. Endl. 267.

Kräuter oder Stauden mit abwechselnden oder gegenüberstehenden, einfachen Blättern. Blüthen blattwinkel- oder gipfelständig, zwitterig. Kelch röhrig, mit dem Fruchtknoten verwachsen, mit zwei-, vier- bis fünflappigem Rande. Blumenblätter von der Zahl der Kelchlappen, auf dem Kelchrande befestigt, und mit ihnen abwechselnd, selten fehlend. Die gleiche oder doppelte Anzahl der Staubgefäße, auf dem Kelche befestigt. Staubfäden frei. Der mit dem Kelche ganz oder theilweise verwachsene Fruchtknoten ist mehrfächerig, meistens von einer Scheibe gekrönt. Griffel fadenförmig; Narbe einfach, kopfig oder zwei- bis vierlappig. Frucht eine Beere oder Kapsel, zwei- bis vierfächerig, meist mehrsamig. Embryo gerade, eiweißlos, mit langer Wurzel.

Die 250 Arten in 15 Gattungen in den gemäßigten Zonen, namentlich in Amerika, Europa, Indien. Viele von ihnen, wie die Fuchsie, Fuchsia, Nachtkerze, Oenothera, Weiderich, Epilobium, sind Zierpflanzen durch die schönen, oft wohlriechenden Blüthen. Die Wurzeln von Oenothera, Nachtkerze oder Gartenrapunzel, werden gegessen; ihre sonstige Benutzung aber für Haushaltung und Gewerbe ist unbedeutend.

Verwandt ist die Familie der Wurzelträger, Rhizophoreae, Endl. 265, welcher der, an Flüssen und sumpfigen Meeresküsten Ost- und Westindien's wachsende Manglebaum oder Leuchterbaum, Rhizophora Mangle, angehört, dessen herabhängende Zweige sich zu Boden senken, wurzeln, und eben so wie die Luftwurzeln neue Stämme bilden, so daß aus einem Baume ein ganzer Wald von sonderbarem Ansehn entsteht, der zwar ungeheure Mengen von Muskito's, aber auch ganze Schaaren von Wasservögeln und Krebsen, und, wenn er am Meere steht, vorzügliche Austern beherbergt. Seine Rinde wird wegen des großen Gehaltes an Gerbstoff vielfach benutzt.

Die Familie der Halorageae, Endl. 268, ist durchaus unwichtig, mit Ausnahme der Wassernuß oder Stachelnuß, Trapa natans, deren weiße, mehlreiche Samen gekocht oder gebraten gegessen und zu sehr weißem Mehle verarbeitet werden.

90. Fam. Lythrarieae, Blutkräuter. Endl. 269.

Kräuter oder Stauden mit viereckigen Aesten, gegenüberstehenden, ganzrandigen Blättern, ohne Nebenblätter. Blüthen zwitterig, regelmäßig, in den Blattwinkeln, in gipfelständigen Aehren oder zusammengesetzten Trauben. Kelch einblätterig, fünfspaltig, außen von einer Art gerippter Hüllblättchen umgeben, die fest verwachsen, so daß er mehrtheilig erscheint. Vier bis fünf schnell welkende Kronenblätter stehen zwischen den Kelchabschnitten, selten fehlen sie. Zwei bis viele, freie Staubgefäße auf dem Kelche. Fruchtknoten frei, zwei- bis vierfächerig; Griffel fadenförmig, mit kopfiger Narbe. Frucht eine häutige Kapsel, mit dem Kelche bekleidet, gewöhnlich einfächerig, aufspringend. Samenkörner zahlreich, an einem centralen Samenträger befestigt, eiweißlos.

Eine meist tropische Familie von etwa 200 Arten in 27 Gattungen; bei uns nur durch den schönblühenden Weiderich, Lythrum Salicaria und L. hyssopifolium, vertreten, die früher officinell waren, sowie durch Peplis Portula, After-Quendel. Die braunrothe Wurzel der in Ostindien und Nord-Afrika wachsenden Lawsonia dient zum Rothfärben von Zeugen, während die Blätter zum Rothfärben der Nägel, Fingerspitzen und Zehen (eine besondere Schönheit im Oriente) gebraucht werden.

91. Fam. Myrtaceae, Myrten. Endl. 271.

Schöne, tropische Bäume oder Sträucher, mit einfachen, ganzrandigen, meist gegenüberstehenden und drüsig punktirten Blättern, ohne Nebenblättchen. Kelch gewöhnlich mit dem Fruchtknoten innig verwachsen, am Rande vier- oder fünftheilig. Blumenblätter vier oder fünf, perigynisch. Staubgefäße perigynisch, entweder doppelt so viel als Blumenblätter, oder meist zahlreicher, zuweilen monadelphisch oder polyadelphisch. Fruchtknoten meist unterständig, ein- bis sechsfächerig. Griffel und Narbe einfach. Frucht trocken oder fleischig, aufspringend oder geschlossen bleibend. Samen meist zahlreich. Eiweißkörper fehlend.

Die sehr zahlreichen Myrtaceen, über 700 Arten in fast 50 Gattungen finden sich fast ausschließlich in Neuholland, Ostindien und dem tropischen Amerika, Afrika hat sehr wenige und Europa bloß eine einzige Pflanze dieser Familie aufzuweisen. Fast alle sind gewürzhafte Pflanzen, viele reich an Gerbstoff; von einigen die Früchte eßbar, dienen als Obst und Gewürz, während das oft sehr harte und schöne Holz auf vielfache Weise benutzt wird.

Myrtus communis, gemeine Myrte, am Mittelmeere wild, galt schon im Alterthume als Sinnbild der Jugend und Schönheit. Die unreifen, getrockneten Früchte von der Piment-Myrte, Myrtus Pimenta, in Westindien wild und gepflanzt, kommen als Piment, Nelkenpfeffer, Jamaikapfeffer, englisches Gewürz, in den Handel, und dienen zum Würzen der Speisen, seltener in der Medicin. Die noch nicht aufgeblühten, getrockneten Blüthen vom Gewürznelkenbaume, Caryophyllus aromatica, auf den Molukken einheimisch, aber auch nach Westindien verpflanzt, liefern die Gewürznelken; weniger geschätzt sind die weit schwächeren, getrockneten Früchte, die unter dem Namen Mutternelken in den Handel kommen. Metrosideros, Eisenmaaß, auf den Molukken, zeichnet sich durch sein hartes, fast unzerstörbares Holz aus, welches, völlig ausgetrocknet, sich mit gewöhnlichen Werkzeugen nicht mehr bearbeiten läßt. Melaleuca Cajaputi, Cajeputbaum, liefert durch Destillation der Blätter und Früchte das blaßgrüne, stark riechende, ätherische Cajeputöl, welches auch bei uns in der Heilkunde angewendet wird. Punica Granatum, der Granatbaum, am Mittelmeere wild wachsend, bei uns der herrlichen Blumen wegen cultivirt, hat eine röthlich braune, wohlschmeckende Frucht von der Größe eines Apfels, deren Schalen, eben so wie die Wurzelrinde, zum Gerben und in der Medicin angewendet werden.

92. Fam. Pomaceae, Kernobstbäume. Endl. 272.

Bäume oder Sträucher der nördlichen gemäßigten Zone. Blätter zerstreut stehend, einfach oder zusammengesetzt, mit Nebenblättchen. Blüthen in gipfelständigen Dolden, Doldentrauben oder Afterdolden, weiß oder rosenroth. Kelch mit dem Fruchtknoten innig verwachsen, am Rande frei und fünftheilig. Blumenblätter fünf, genagelt, an der Mündung des Kelches befestigt. Staubgefäße zahlreich, eben daselbst entspringend. Diskus dünn, die innere Seite des Kelchrandes überziehend. Ein bis fünf Fruchtknoten, unter sich und mit dem Kelche verwachsen. Samenknospen einzeln, gepaart oder zahlreich. Ein bis fünf Griffel, mit einfachen Narben. Frucht ein Apfel oder eine Steinbeere, ein- bis fünffächerig, selten durch falsche Scheidewände in 10 Fächer abgetheilt. Fächerhaut pergamentartig oder steinhart. Samen einzeln, gepaart oder zahlreich ohne Eiweißkörper, mit aufrechtem Embryo und flachen Cotyledonen.

Der große Nutzen, den die meisten Pflanzen dieser Familie durch ihre saftigen, wohlschmeckenden Früchte, durch den aus diesen bereiteten Obstwein (Cider) und Obstessig, sowie durch ihr sehr dauerhaftes, von Drechslern und Tischlern gern verarbeitetes Holz gewähren, ist allgemein bekannt. Es sind gegen 160 Arten, die sich aber in ihren Merkmalen so nahe verwandt sind, daß sie sich schwer in deutlich unterschiedene Gattungen bringen lassen; daher ist auch die Zahl der letzteren bei den verschiedenen Schriftstellern sehr ungleich.

Hierher gehören: Pyrus Malus, der Apfelbaum; Pyrus communis, der Birnbaum, beide in Deutschland wild und in unzähligen Spielarten cultivirt; Cydonia vulgaris, der Quittenbaum, dessen Früchte nicht roh, wohl aber gekocht und eingemacht gegessen werden; Mespilus vulgaris, die Mispel, Crataegus Oxyacantha, Weißdorn oder Hagedorn, Sorbus Aucuparia, Vogelbeerbaum oder Eberesche, deren Früchte man beim Vogelfange und zum Branntweinbrennen benutzt.

93. Fam. Rosaceae, Rosen. Endl. 274.

Kräuter oder Sträucher mit einfachen oder zusammengesetzten, zerstreut stehenden Blättern und Nebenblättchen. Kelch fünf- oder viertheilig, an der ganzen Röhre oder bloß an der Mündung derselben mit einem dünnen, fleischigen Diskus bekleidet; Blumenblätter 5, selten 4; Staubgefäße zahlreich; Fruchtknoten einzeln oder meist zahlreich, nicht mit dem Kelche verwachsen. Ein, zwei oder mehrere, hängende, sehr selten aufrechte Samenknospen. Griffel seitenständig, einfach. Frucht: bald einsamige Nüßchen oder Steinfrüchtchen, bald kleine vielsamige Balgkapseln. Embryo gerade, ohne Eiweißkörper.

Die etwa 700 Arten in fast 40 Gattungen gehören ebenfalls meistentheils der nördlichen Halbkugel an; viele ausgezeichnet durch schöne Blüthen, andere durch gutes Beerenobst. Fast allen ist ein zusammenziehender Stoff eigen, weshalb einige von ihnen zu den Fiebermitteln gezählt werden, wie Potentilla, Fingerkraut, Geum, Nelkenwurz, Benedictenkraut. Die Wurzel der Heilwurz, Tormentilla, und des Gänserich, Potentilla anserina, können durch ihren Gerbstoffgehalt zum Gerben benutzt werden. Die Erdbeere, Fragaria vesca, Brombeere, Rubus caesius, Himbeere, Rub. Idaeus, so wie mehrere Rosen, liefern saftige, wohlschmeckende Früchte. Die Blätter der Erdbeere werden statt des chinesischen Thees angewendet. Die Blumenblätter der Essigrose, Rosa gallica, so wie der ostindischen Bisamrose, R. moschata, und der immergrünen Rose, R. sempervirens, in Kleinasien und Tunis, liefern theils durch Destillation, theils durch eine Art Gährung ein feineres oder geringeres, immer aber sehr theueres Rosenöl, und durch Destillation das als Parfüm, zu Augenwassern und in feines Backwerk gebrauchte Rosenwasser. Von den zahlreichen übrigen Rosen-Arten werden nicht wenige in vielen Varietäten als vorzügliche Ziergewächse in Gärten gezogen; ebenso mehrere Arten von Spiraea, Spierstrauch. Der Odermennig, Agrimonia Eupatorium, dient in der Medicin, dann zum Gerben, und gibt auch, wenn die Wolle vorher mit Wismuth behandelt wurde, dieser eine schöne goldgelbe Farbe. Weniger wichtig sind die Gattungen: Alchemilla, Frauenmantel, Sanguisorba, Wiesenknopf, Poterium, Becherblume, und Comarum, Blutauge.

94. Fam. Amygdaleae, Steinobstbäume. Endl. 275.

Bäume oder Sträucher der nördlichen gemäßigten und kalten Zone. Blätter einfach, zerstreut stehend, gewöhnlich an der Basis drüsig mit Nebenblättchen. Blüthen weiß oder rosenroth. Kelch am Rande fünftheilig, inwendig mit dem Diskus bekleidet, abfallend. Blumenblätter fünf. Staubgefäße ungefähr zwanzig, gemeinschaftlich mit den Blumenblättern an der Mündung des Kelches befestigt. Fruchtknoten frei, einfächerig, mit 2 hängenden Samenknospen. Griffel gipfelständig, Narbe nierenförmig. Steinfrucht. Same meist einzeln, aufgehängt, ohne Eiweiß.

Die etwa 60 Arten bilden eigentlich nur eine natürliche Gattung Prunus, die jedoch nach meist geringfügigen Merkmalen der Frucht, und mehr noch nach der Tracht und dem Blüthenstande in eine verschiedene Anzahl von Gattungen getheilt wird, von denen sich aber nur die beiden: Prunus und Amygdalus genauer unterscheiden lassen. Bei den meisten Arten enthalten junge Rinde, Blätter und Kerne Blausäure; aus der Rinde mancher von ihnen fließt eine dem arabischen Gummi ähnliche Substanz aus. Viele tragen wohlschmeckende Früchte und werden dieser wegen als Steinobst cultivirt.

Zu erwähnen sind: Amygdalus communis und A. Persica, Mandel und Pfirsich; Prunus Armeniaca, Apricose; Pr. domestica, gemeine Pflaume oder Zwetschge, die Stammform aller cultivirten Arten mit länglichen, meist dunkelbräunlichrothen Früchten; Pr. insititia, Kriechenpflaume, Stammform der cultivirten Arten mit kugeligen, meist helleren, röthlichen oder gelblichen Früchten; Pr. avium, Süßkirsche, in den Gebirgsländern des mittleren Europa wild, Stammform aller Süß- und Herzkirschen; Pr. Cerasus, Sauerkirsche, aus Kleinasien durch Lucullus eingeführt, Stammform der sauren Varietäten; Pr. Padus, Traubenkirsche, auch Faulbeere oder Ahlkirsche genannt, in Rußland und Lappland gegessen; Pr. Laurocerasus, Kirschlorbeer, gibt aus den Blättern durch Destillation das sehr giftige Kirschlorbeerwasser; Pr. Mahaleb, Weichselkirsche, liefert das wohlriechende St. Luzienholz und die beliebten Weichselröhre, so wie aus den Früchten in Dalmatien ein beliebter Liqueur, Maraschino, bereitet wird; Pr. spinosa, Schlehe, Schwarzdorn, dessen hartes, festes Holz, wie auch das der meisten übrigen Arten, von Tischlern und Drechslern gern verarbeitet wird; die dünneren Aeste geben Knotenstöcke, das trockene Reis wird in Salzwerken zum Gradiren der Soole, die Blüihen zu Thee, die, nur gefroren oder eingemacht genießbaren Früchte, zu Branntwein und Essig benutzt.

95. Fam. Papilionaceae, Schmetterlingsblüthler. Endl. 277.

Kräuter, Sträucher und Bäume, deren Blätter abwechselnd, zusammengesetzt, zuweilen rankend sind, mit Nebenblättchen. Kelch einblätterig, zweilippig, fünftheilig. Krone unregelmäßig, meist eine Schmetterlingskrone, deren Theile der Wimpel, vexillum, die Flügel, alae, der Kiel, carina (aus zwei verwachsenen Blumenblättern zusammengesetzt) genannt werden. Staubgefäße 10, perigynisch, auf dem Kelche befestigt, zuweilen frei, meist aber monadelphisch oder diadelphisch, wo dann 9 von ihnen verwachsen, und eine durch den zehnten, nicht verwachsenen Staubfaden, geschlossene Röhre bilden. Fruchtknoten frei, sitzend oder gestielt, einfächerig, ein- bis vielsamig. Griffel einfach, auf der oberen Naht entspringend, oft gekniet, endigt in eine einfache, nackte oder gebartete Narbe. Frucht eine meist ziemlich lange, zweiklappige, einfächerige, zuweilen durch üppige Entwickelung der inneren Fruchtschicht in mehrere Querfächer getheilte Hülse oder Gliederhülse, mit einem oder mehreren Samenkörnern, die an der oberen Naht befestigt sind, keinen Eiweißkörper, einen geraden oder gekrümmten Embryo und meist ziemlich dicke Cotyledonen haben.

Ueber 3000 Arten in etwa 400 Gattungen, finden sich in allen Welttheilen und Zonen, vorherrschend aber in den Tropen. Viele ausgezeichnet durch höchst zierliche Gestalten und prachtvollen Bau, andere durch auffallende Lebenserscheinungen (Pflanzenschlaf). Eine Menge von ihnen sind in der Oekonomie, Medicin und Technologie höchst wichtig.

Die Blüthen von Besenpfriemen, Spartium Scoparium, dienen zum Gelbfärben und Gerben, die bitteren, jüngeren Zweige statt des Hopfens, die älteren zu Besen. Genista tinctoria, färbender Ginster, liefert namentlich aus Blättern und Zweigen gelben und grünen Farbstoff und gibt mit Kalkwasser, Alaun und Kreide behandelt, das Schüttgelb. Indigofera tinctoria und I. Anil, sowie andere Arten der Indigopflanze, seit den ältesten Zeiten in Ostindien und Süd-Amerika cultivirt, geben aus den Blättern durch Gährung den Indigo, in vielen Abstufungen nach seiner Güte. Indigofera gedeiht nur in der heißen und in den wärmeren Theilen der gemäßigten Zone. Die Hauptkultur ist im süd-östlichen Asien, welches jährlich 11¼ Mill. Centner, im Werthe von 22½ Mill. Thalern ausführt. — Pterocarpus santalinus, in Ostindien, gibt das zu Zahnpulvern und zum Färben gebrauchte rothe Sandelholz. — Das feste, dunkelrothe Kernholz von Haematoxylon campechianum dient unter dem Namen westindisches Blutholz, Blauholz oder Campecheholz, vielfach in der Färberei und Heilkunde. — Von der Gattung Caesalpinia liefern mehrere Arten ebenfalls Farbhölzer, die schon vor der Entdeckung von Amerika aus Asien unter dem Namen Brasilienholz eingeführt, nachher auch in Süd-Amerika aufgefunden wurden, und dem Lande Brasilien seinen Namen verschafften, nicht aber von ihm benannt wurden, wie vielfach geglaubt wird. Die wichtigsten derselben sind: Caesalpinia echinata, Fernambukholz, C. Sappan, Braunholz oder Sappanholz, C. bahamensis, gelbes Brasilienholz.

Robinia Pseudacacia, die weiße Akazie, Colutea arborescens, der Blasenstrauch, und Cytisus Laburnum, der Goldregen, werden als vorzügliches Nutzholz und als Zierpflanzen geschätzt; ihre Samen, sowie die mehrerer anderer Gattungen sind purgirend. Glyzyrrhiza glabra liefert Süßholz und den Lakritzensaft. Mehrere am Mittelmeere wachsende Arten von Astragalus, Traganth, geben das in der Medicin und Technik viel gebrauchte Traganthgummi. Ceratonia Siliqua, eben daselbst wachsend, liefert das Johannisbrod, in seinem Vaterlande gewöhnliches Nahrungsmittel für Menschen und Vieh, bei uns in der Medicin angewendet. Hymenaea Courbaril, der Kopalbaum oder Heuschreckenbaum, in Süd-Amerika, so wie mehrere andere Arten und Gattungen, liefert den bekannten Copal, ein sehr hartes, durchsichtiges, dem Bernstein ähnliches Harz, aus dem man einen schönen hellweißen, durchsichtigen und dauerhaften Firniß bereitet. — Dipteryx odorata, in Guiana, enthält in einer holzigen, nicht aufspringenden Hülse einen länglichen, sehr wohlriechenden, braunen Samen, der unter dem Namen Tonkobohne bekannt ist und als Wohlgeruchsmittel, besonders zum Schnupftabak gebraucht wird. — Die Blätter verschiedener Arten von Cassia, Cassie, sind als Sennesblätter eines der gelindesten Abführungsmittel in der Medicin. Coronilla varia, die bei uns einheimische Kronwicke oder Peltsche, wird fälschlich für giftig gehalten.

Ervum Lens, die Linse, Pisum sativum, die Erbse, Phaseolus vulgaris, die Bohne, sind durch ihre reifen und unreifen Samen, Hülsenfrüchte, geschätzte Gemüsepflanzen, während das getrocknete Kraut ein gutes Viehfutter abgibt. Mehrere Arten von Vicia, Wicke, Trifolium, Klee, dann Medicago sativa, Schneckenklee, Luzerne, Onobrychis sativa, Esparsette, werden als vorzügliche Futterkräuter im Großen gebaut. Trifolium repens, der weiße Klee, außerdem der Samen wegen, die namentlich in England zu einem gelben Farbstoffe verwendet werden. Die Blätter von Melilotus coerulea, dem blauen Honigklee oder Steinklee, werden dem Schnupftabak und dem schweizer Kräuterkäse zugesetzt. Lathyrus sativus, die Platterbse, wird in Mittel-Deutschland angebaut und wie die Erbse benutzt. Die Wurzelknollen von Lath. tuberosus, dienen als Erdnüßchen oder Erdeicheln zur Nahrung, Mast und Stärkemehlbereitung.

Die Familie der Schmetterlingsblüthler wird von Vielen mit der folgenden Familie zu einer einzigen: Leguminosae, Hülsenfrüchtler, verbunden, deren Hauptcharakter in der beiden gemeinsamen Fruchtart, der Hülse, legumen, liegt.

96. Fam. Mimoseae, Sinnpflanzen. Endl. 279.

Bäume oder Sträucher mit paarig und meist doppelt gefiederten Blättern, oder wenn die Fiedern fehlschlagen, mit Blattstielen, die stark verbreitert, dadurch einfachen Blättern ähnlich sind und phyllodia genannt werden. Die Nebenblättchen oft dornenartig. Blüthen zwitterig oder polygamisch in Aehren oder Köpfchen. Kelch vier- bis fünfspaltig. Blumenkrone regelmäßig, vier- bis fünfblätterig, hypogynisch. Staubgefäße zahlreich, hypogynisch, oft unten monadelphisch. Die Frucht ist eine einfächerige, mehrsamige Hülse oder Gliederhülse. Die Samen eiweißlos, mit geradem Embryo.

Die über 450 Arten in 14 Gattungen wachsen meist zwischen den Wendekreisen oder in deren Nähe, und gehören zu den zierlichsten Gewächsen. Mehrere afrikanische Arten der Gattung Akazie, Acacia, liefern das arabische und Senegalgummi, während die neuholländischen Arten durch ihre blattartigen Blattstiele und schönen Blüthen auffallen. Bei vielen ist die Reizbarkeit der Blätter in einem sehr hohen Grade entwickelt, so z. B. bei Mimosa sensitiva und pudica, der empfindlichen und schamhaften Sinnpflanze, deren Blätter sich bei der leisesten Berührung schon an einander legen; die Blätter der meisten übrigen Arten nehmen wenigstens des Abends die Schlafstellung an. Sie werden deshalb, und da zugleich Blätter, Blüthen und Früchte eine sehr große Ausbildung zeigen, von Vielen für die vollkommensten Pflanzen der Erde gehalten und bilden den Schluß der Pflanzenfamilien.

Erster Anhang.

Uebersicht der in Deutschland wilden und verwilderten Giftgewächse.

Fam. Fungi, Pilze: Agaricus muscarius, Fliegenpilz; A. venenosa, giftiger Wulstblätterpilz; A. rubescens, röthlicher Blätterschwamm; A. roseus, rosenfarbener Blätterschwamm; A. polymyces, geselliger Blätterschwamm; A. emeticus, brechenerregender Blätterschwamm; A. stypticus, zusammenziehender Blätterschwamm; Boletus luridus, düsterfarbener Löcherschwamm; Phallus impudicus, Giftmorchel; Spermoedia Clavus, Mutterkorn. Alle, mit Ausnahme des letzteren, welches die krampfartige Kribbelkrankheit hervorbringt, erregen heftige Durchfälle. Das Nähere, so wie die anzuwendenden Gegenmittel siehe Fam. 3. Fungi.

Fam. Gramineae, Gräser: Lolium temulentum, Taumellolch; Bromus secalinus, Roggentrespe; Avena fatua, wilder Hafer. Sie sind betäubend; Brechmittel, dann reichlich schleimige, laue Getränke und Essig.

Fam. Alismaceae, Froschlöffelpflanzen: Alisma Plantago, Froschlöffel, scharf giftig.

Fam. Liliaceae, Lilien: Fritillaria imperialis, Kaiserkrone, scharf giftige Zwiebel. Tulipa sylvestris, Tulpe, ebenso.

Fam. Melanthaceae, Zeitlosen: Colchicum autumnale, Herbstzeitlose, alle Theile scharf giftig. Die Wirkungen der scharf giftigen Gewächse und die anzuwendenden Gegenmittel sind Fam. 62. bei den Ranunculaceen angegeben.

Fam. Smilaceae, Beerenlilien: Paris quadrifolia, Einbeere; Veratrum album, weiße Nieswurz; V. nigrum, schwarze Nieswurz, sind scharf giftig.

Fam. Amaryllideae, Schmucklilien: Die Zwiebel der gelben Narcisse, Narcissus Pseudonarcissus, scharf.

Fam. Aroideae, Aronpflanzen: Arum maculatum, gefleckter Aron, und Calla palustris, Sumpfschlangenkraut, flüchtig scharf, Blasen ziehend.

Fam. Coniferae, Nadelhölzer: Taxus baccata, Eibisch, in allen Theilen betäubend, schon seine Ausdünstung erregt Kopfschmerzen; das süße Fleisch der Beeren in größerer Menge, die bitteren Kerne aber und die Blätter schon in geringen Mengen schädlich. Juniperus Sabina, Sadebaum, das betäubend scharfe Kraut erregt, als Thee benutzt, Darmentzündung und Blutflüsse.

Fam. Daphnoideae, Seidelbastpflanzen: Alle Arten Daphne, namentlich aber Daphne Mezereum, Kellerhals oder Seidelbast, sind in Rinde, Blättern und Früchten sehr scharf und Blasen ziehend. Zwölf Beeren tödten Kinder.

Fam. Aristolochieae, Osterluzeigewächse: Asarum europaeum, Haselwurz; der Wurzelstock hat einen bittern, scharfen, ekelerregenden Geschmack und widrigen, dem Baldrian ähnlichen Geruch. Die Wurzel von Aristolochia Clematitis, Osterluzei, ist betäubend scharf.

Fam. Compositae, Korbblüthler: Lactuca virosa, Giftlattig, sowie L. Scariola, wilder Lattig, haben einen unangenehmen widrigen Geruch und sind betäubend, und durch den weißen Milchsaft purgirend.

Fam. Asclepiadeae, Seidenpflanzen: Cynanchum Vincetoxicum, Hundswürger, Schwalbenwurz; die frische Wurzel hat einen ekelerregenden, widrigen Geruch und einen scharfen, bitteren, widrigen Geschmack, der durch das Trocknen zum Theil verschwindet. Sie erregt leicht Erbrechen und Durchfall.

Fam. Convolvulaceae, Winden: Convolvulus Sepium, die Zaunwinde, und Convolvulus arvensis, die Ackerwinde, sind besonders durch den harzigen Milchsaft der Wurzeln scharf und purgirend.

Fam. Solanaceae, Nachtschattenpflanzen: Solanum Dulcamara, Bittersüß, sehr giftig, besonders die rothen Beeren, die neben den betäubenden Einwirkungen heftiges Purgiren und Erbrechen erregen. Die frischen Reiser sollen Ratten und Mäuse vertreiben. Solanum nigrum, gemeiner Nachtschatten, in verschiedenen

Abänderungen nach Tracht und nach Farbe der Beeren, betäubend giftig. Datura Stramonium, Stechapfel, in allen Theilen betäubend, ist jedoch von Schärfe nicht ganz frei. Die Blätter verbreiten einen unangenehmen betäubenden Geruch und haben einen scharfen, bitteren Geschmack. Die Samen, oft unter dem Namen Schwarzkümmel von wandernden Arzneikrämern verkauft, sind besonders gefährlich und giftig. Hyoscyamus niger, schwarzes Bilsenkraut; das äußere düstere Ansehen und der widrige Geruch verrathen die Giftpflanze leicht als solche; die Wurzeln und Samen, aber auch die Blätter sind stark betäubend. Hyoscyamus agrestis, Acker-Bilsenkraut, und H. albus, weißes Bilsenkraut, mögen mit der ersteren ziemlich gleich giftige Eigenschaften haben. Atropa Belladonna, gemeines Tollkraut oder Wolfskirsche, gehört zu den gefährlichsten Giftpflanzen und hat in allen Theilen, besonders aber in der Wurzel und den Beeren das betäubend scharfe Gift. Minder giftig sind die anfangs süßlichen Beeren, doch noch immer so bedeutend, daß sie schon in geringerer Menge traurige Zufälle, Trockenheit im Halse, Schwindel, Abstumpfung aller Sinne, Zuckungen, Lähmung veranlassen, in größerer Menge tödten. Mandragora officinalis, Alraun, gehört ebenfalls zu den betäubend scharfen Giften und stimmt in seinen Wirkungen mit der Belladonna überein, der sie an Giftigkeit nicht nachsteht. Das Nähere über die Wirkungen der betäubenden Gifte, sowie über die anzuwendenden Gegenmittel ist Fam. 51. bei den Solanaceen angegeben. Die betäubend scharfen Gifte schließen sich in ihren Wirkungen den betäubenden sowohl, als den scharfen an, und werden durch Brechmittel, säuerliche Getränke, starken Kaffe, Kampher, Milch und andere schleimige Sachen gehoben. Ein auf die Magengrube gelegtes Senfpflaster unterstützt die Wirkung der angewendeten Mittel.

Fam. Personatae, Maskenblüthler: Pedicularis palustris, Sumpf-Läusekraut, Sumpfrodel, hat einen scharfen ätzenden Saft und ist den Schafen und Rindern schädlich, kann aber auch, wenn der Saft in Nase, Mund oder Augen kommt, nachtheilige Folgen hervorbringen. Ebenso Pedicularis sylvatica, Waldrodel. Digitalis purpūrea, rother Fingerhut, so wie alle anderen Fingerhutarten, gehört zu den scharfen, sehr giftigen Gewächsen; die Wirkungen sind fast dieselben wie die bei dem Schierling anzugebenden, Brechmittel, dann Essig zeigen sich am wirksamsten dagegen. Gratiola officinalis, Gnadenkraut oder Purgirkraut, hat einen widrig scharfen, anhaltend bitteren Geschmack, bewirkt heftiges Erbrechen und Purgiren, in stärkeren Gaben Darmentzündung, starrkrampfartige Zufälle, selbst Tod. Sie wird als Arzneimittel gebraucht, kann aber, unvorsichtig angewendet, großen Schaden stiften. Antirrhinum Orontium, wildes Löwenmaul, Linaria vulgaris, gemeines Leinkraut,

Rhinanthus Crista galli, Hahnenkamm oder Klappertopf, und Melampyrum arvense, Wachtelweizen, sind von bitterem Geschmacke und betäubend giftig. Wenn ihr Same in einiger Menge unter das Getreide kommt, so wird das daraus gebackene Brod dunkel, übelschmeckend und schädlich.

Fam. Primulaceae, Schlüsselblumen: Der Wurzelstock von Cyclamen europaeum, Erdscheibe oder Saubrod, enthält ein scharfes Gift, das heftiges Purgiren erregt, sich aber durch das Trocknen verliert. Anagallis arvensis und coerulea, Gauchheil, sind mäßig scharf und wirken in starken Abkochungen des Krautes giftig, selbst tödtlich.

Fam. Ericaceae, Heidekräuter: Ledum palustre, Sumpfporst, Kienporst, in allen Theilen von starkem Geruch und bitterem, zusammenziehendem Geschmacke; mit dem frischen Kraute vertreibt man Wanzen aus Betten und Häusern, mit dem abgekochten Wasser die Läuse am Vieh. Die Pflanze wirkt betäubend und wird daher betrüglicher Weise unter das Bier gemengt, um schlechtes Bier bitter und berauschend zu machen.

Fam. Umbelliferae, Doldenpflanzen: Oenanthe fistulosa, röhrige Rebendolde, ist ziemlich giftig und wird vom Vieh nicht gefressen. Cicuta virosa, gemeiner Wasserschierling, gehört zu den giftigsten deutschen Pflanzen, und zwar ist besonders die, mit der Selleriewurzel oft verwechselte Wurzel im Frühjahre schädlich. Der Genuß erregt Schwindel, Schlafsucht, Wahnsinn, Wuth, Uebelkeit, Brennen, Entzündung und meist schnellen Tod. Kraut und Samen sind gewürzhaft, erwärmend, doch gleichfalls giftig, wenn auch in geringerem Grade. Brechmittel, dann saure Getränke sind wirksam dagegen. Aethusa Cynapium, Gleiße, Hundspetersilie, kleiner Schierling, durch seine große Aehnlichkeit mit Petersilie, unter der es vielfach vorkommt, höchst gefährlich, indessen durch den widrigen Geruch und einen eigenthümlichen Silberglanz leicht zu unterscheiden. Sie ist betäubend, scharf, erregt Bangigkeit, Wahnsinn, Sinnlosigkeit, Wuth, Durchfall, entsetzliches Erbrechen, heftige Kopfschmerzen, der Leib wird unter großen Schmerzen aufgetrieben, Magen und Eingeweide entzündet und oft folgt schneller Tod. Brechmittel, dann säuerliche Getränke oder Milch, sind wirksam. Chaerophyllum temulum, berauschender Kälberkropf, wirkt ähnlich, nur schwächer. Ebenso die Wurzel von Sium latifolium und angustifolium, breitblättriger und schmalblättriger Merk, während das Kraut genossen werden kann. Gleiche Wirkung mit der Hundspetersilie hat endlich auch Conium maculatum, der gefleckte Schierling.

Fam. Crassulaceae, Dickpflanzen: Sedum acre, scharfer Mauerpfeffer, zieht durch seine Schärfe auf der Haut Blasen und wird oft mit dem als Salat gesammelten Sedum sexangulare verwechselt.

Fam. Ranunculaceae, Hahnenfußpflanzen: Alle Arten von Ranunculus, Hahnenfuß, enthalten ohne Ausnahme, nur bald mehr bald minder ätzend, einen scharfen, flüchtigen Stoff, der sich durch Kochen und Trocknen verliert, weshalb dieselben, obwohl sie auf den Wiesen in Menge wachsen, dem Viehe unter dem Heue nicht schaden. Auch die sehr scharfen werden durch das Kochen unschädlich, daher mehrere von armen Leuten als Gemüse gegessen. Frisch bringt ihr Saft Blasen auf der Haut hervor, erregt Entzündung der Eingeweide und des Magens und kann selbst den Tod herbeiführen. Ebenso in ihren Wirkungen verhalten sich Actaea spicata, Christophskraut, Caltha palustris, Sumpfdotterblume, alle Arten von Adonis, Adonis, Anemone, Windröschen, Pulsatilla, Küchenschelle, und Helleborus, Nieswurz. Zu den betäubend scharfen Giftgewächsen gehören die Akelei, Aquilegia vulgaris, sowie sämmtliche Arten von Aconitum, Eisenhut, die einen mehr, die anderen weniger. Alle Theile von Aconitum sind außerordentlich scharf, besonders aber Wurzel und Blätter. Sie erregen auf der Zunge einen heftig brennenden Schmerz und Speichelfluß; innerlich Entzündung und Zerstörung des Schlundes, Magens und der Eingeweide, Sinnen- und Geistesstörungen. Die Gebirgsbewohner mischen die Wurzel unter das Fleisch, welches sie gebrauchen, um Wölfe und andere Raubthiere zu tödten.

Fam. Papaveraceae, Mohnpflanzen: Chelidonium majus, Schöllkraut, enthält einen scharfen, bitteren, brennenden, gelben Milchsaft, der äußerlich angewendet, die Warzen wegbeizt, innerlich aber heftiges Purgiren, Entzündung, Zerstörung der Häute verursacht, ja selbst den Tod zur Folge hat.

Fam. Violarieae, Veilchen: Das Kraut von Viola tricolor, Stiefmütterchen, sowie die Wurzel von Viola odorata und canina, wohlriechendes und Hunds-Veilchen, erregen heftiges Laxiren und Erbrechen.

Fam. Cucurbitaceae, Kürbispflanzen. Die Wurzeln von Bryonia alba und dioica, Zaunrübe oder Gichtrübe, haben einen starken, widerlichen Geruch, einen bitteren, ekelhaften, scharfen Geschmack und wirken sehr giftig, innerlich als heftige Laxirmittel, äußerlich reizend.

Fam. Celastrineae, Spindelsträucher: Evonymus europaeus, Pfaffenhütchen, ist in allen Theilen giftig, erregt Brechen und Purgiren.

Fam. Rhamneae, Kreuzdörner: Rhamnus catharticus, Kreuzdorn, die Beeren haben einen schwachen, unangenehmen Geruch und ekelhaft bitteren Geschmack, sind stark purgirend, bewirken Uebelkeiten, Bauchgrimmen, Trockenheit im Munde und Schlunde. Aehnlich wirkt Rh. Frangula, Faulbaum.

Fam. Euphorbiaceae, **Wolfsmilchpflanzen.** Alle Arten von Euphorbia, **Wolfsmilch**, haben einen sehr scharfen Milchsaft, der äußerlich Blasen zieht und die Warzen wegbeizt, innerlich aber, eben so wie die Samen und Rinde heftiges Laxiren erregt und gefährlich werden kann. Aehnlich wirken Buxus sempervirens, **Buchsbaum**, und Mercurialis perennis, **Bingelkraut**, durch ihre Blätter.

Fam. Anacardiaceae, **Firnißbäume:** Rhus Toxicodendron, **Giftsumach**, enthält in allen Theilen einen harzigen, scharfen, giftigen Stoff, der bei der Berührung, ja durch bloße Ausdünstung bei manchen Menschen schon rothlaufartige Entzündungen der Haut und Ausschlag hervorbringt, während Andere den Strauch ohne Nachtheil berühren können. Kühlende und Schweiß treibende Mittel, wie Hollunderthee mit Essig und trockene warme Umschläge heben das Uebel.

Zweiter Anhang.

Uebersicht der angeführten Gattungen nach dem Systeme von Linné.

1. Classe. Monandria, Einmännige.

1. **Ordnung.** Monogynia, **Einweibige:** Amomum, Ingwer. Canna, Blumenrohr. Curcuma, Gelbwurz. Maranta, Pfeilwurzel. Salicornia, Glasschmalz. Zostera, Wasserriemen.

2. **Ordnung.** Digynia, **Zweiweibige:** Blitum, Erdbeerspinat. Callitriche, Wasserstern.

2. Classe. Diandria, Zweimännige.

1. **Ordn.** Monogynia, **Einweibige:** Fraxinus, Esche. Gratiola, Gnadenkraut. Jasminum, Jasmin. Lemna, Wasserlinse. Ligustrum, Hartriegel. Lycopus, Wolfsfuß. Olea, Oelbaum. Pinguicula, Fettkraut. Rosmarinus, Rosmarin. Salvia, Salbei. Syringa, Flieder. Utricularia, Wasserschlauch. Verbena, Eisenkraut. Veronica, Ehrenpreis.

2. **Ordn.** Digynia, **Zweiweibige:** Anthoxanthum, Ruchgras.

3. **Ordn.** Trigynia, **Dreiweibige:** Piper, Pfeffer.

3. Classe. Triandria, Dreimännige.

1. **Ordn.** Monogynia, **Einweibige:** Crocus, Safran. Cyperus, Cypergras. Eriophorum, Wollgras. Gladiolus, Schwertel. Iris, Schwertlilie. Papyrus, Papierstaude. Scirpus, Binse. Valeriana, Baldrian. Valerianella, Rapunzel.

2. Ordn. Digynia, Zweiweibige: Agrostis, Straußgras. Aira, Schmielen. Alopecurus, Fuchsschwanz. Arundo, Rohr. Avena, Hafer. Briza, Zittergras. Bromus, Trespe. Cynosurus, Kammgras. Dactylis, Knäuelgras. Festuca, Schwingel. Holcus, Honiggras. Hordeum, Gerste. Lolium, Lolch. Milium, Zittergras. Panicum, Schwaden. Phalaris, Glanzgras. Phleum, Lieschgras. Poa, Rispengras. Saccharum, Zuckerrohr. Secale, Roggen. Sorghum, Sorgho. Stipa, Pfriemengras. Triticum, Weizen.

3. Ordn. Trigynia, Dreiweibige: Holosteum, Spurre. Montia, Wasser-Bunzelkraut.

4. Classe. Tetrandria, Viermännige.

1. Ordn. Monogynia, Einweibige: Alchemilla, Löwenfuß. Asperula, Waldmeister. Cornus, Hartriegel. Dipsacus, Kardendistel. Elaeagnus, Oelweide. Galium, Labkraut. Globularia, Kugelblume. Plantago, Wegerich. Ptelea, Kleestrauch. Rubia, Röthe. Sanguisorba, Wiesenknopf. Santalum, Santelbaum. Scabiosa, Skabiose. Trapa, Wassernuß.

3. Ordn. Tetragynia, Vierweibige: Ilex, Stechpalme. Potamogeton, Laichkraut. Radiola, Zwergflachs. Sagina, Mastkraut.

5. Classe. Pentandria, Fünfmännige.

1. Ordn. Monogynia, Einweibige: Alkanna, Alkanne. Ampelopsis, Zaunrebe. Anagallis, Gauchheil. Anchusa, Ochsenzunge. Asperugo, Scharfkraut. Atropa, Tollkirsche. Borrago, Borretsch. Campanula, Glockenblume. Capsicum, Beißbeere. Cedrela, Cedrele. Celosia, Hahnenkamm. Cephaëlis, Brechwurzel. Cerbera, Schellenbaum. Cinchona, Fieberrinde. Coffea, Kaffebaum. Convolvulus, Winde. Cyclamen, Erdscheibe. Cynoglossum, Hundszunge. Datura, Stechapfel. Echium, Natternkopf. Evonymus, Spindelbaum. Gilia, Gilie. Gomphrena, Kugelamarant. Hedera, Epheu. Heliotropium, Sonnenwende. Hottonia, Sumpfviole. Hyoscyamus, Bilsenkraut. Jasione, Jasione. Illecebrum, Knorpelkraut. Impatiens, Balsamine. Ipomaea, Trichterwinde. Lithospermum, Steinsame. Lonicera, Geisblatt. Lycium, Hexenzwirn. Lysimachia, Lysimachie. Mandragora, Alraun. Menyanthes, Fieberklee. Myosotis, Vergißmeinnicht. Nemophila, Hainlieb. Nerium, Oleander. Nicotiana, Tabak. Omphalodes, Gedenkemein. Phlox, Flammenblume. Physalis, Judenkirsche. Phyteuma, Rapunzel. Polemonium, Stahlblume. Primula, Schlüsselblume. Pulmonaria, Lungenkraut. Rhamnus, Kreuzdorn. Ribes, Johannisbeere. Sideroxylon, Eisenholz. Siphocampylus, Kautschukbaum. Solanum, Nachtschatten. Strychnos, Krähenaugenbaum. Symphytum, Schwarzwurz. Tabernaemontana, Milchbaum. Thesium, Leinblatt. Verbascum, Wollkraut. Vinca, Sinngrün. Viola, Veilchen. Vitis, Weinstock. Zizyphus, Judendorn.

2. Ordn. Digynia, Zweiweibige: Aethusa, Gleiße. Anethum, Dill. Apium, Sellerie. Asclepias, Seidenpflanze. Atriplex, Melde. Beta, Mangold. Carum, Kümmel. Chaerophyllum, Kälberkropf. Chenopodium, Gänsefuß. Cicuta, Wasserschierling. Conium, Schierling. Coriandrum, Koriander. Cuscuta, Flachsseide. Cynanchum, Hundswürger. Daucus, Möhre. Eryngium, Mannstreu. Ferula, Asant. Gentiana, Enzian. Oenanthe, Rebendolde. Pastinaca, Pastinake. Pimpinella, Bibernelle. Salsola, Salzkraut. Scandix, Kerbel. Sium, Merk. Ulmus, Ulme.

3. Ordn. Trigynia, Dreiweibige: Alsine, Hühnerdarm. Corrigiola, Bruchkraut. Rhus, Sumach. Sambucus, Hollunder. Semecarpus, Elephantenlausbaum. Staphylea, Pimpernußbaum. Tamarix, Tamariske. Viburnum, Schneeball.

4. Ordn. Tetragynia, Vierweibige: Parnassia, Parnassie.

5. Ordn. Pentagynia, Fünfweibige: Armeria, Grasnelke. Crassula, Dickblatt. Drosera, Sonnenthau. Linum, Lein.

6. Ordn. Polygynia, Vielweibige: Myosurus, Mäuseschwanz.

6. Classe. Hexandria, Sechsmännige.

1. Ordn. Monandria, Einweibige: Acorus, Kalmus. Agapanthus, Doldenlilie. Agave, Agave. Allium, Lauch. Aloë, Aloe. Amaryllis, Schmucklilie. Anthericum, Zaunlilie. Asparagus, Spargel. Asphodelus, Affodill. Bambusa, Bambus. Berberis, Sauerdorn. Bromelia, Ananas. Calla, Schlangenkraut. Convallaria, Maiblume. Dracaena, Drachenbaum. Fritillaria, Kaiserkrone. Galanthus, Schneeglöckchen. Hemerocallis, Taglilie. Hyacinthus, Hyacinthe. Juncus, Binse. Leucojum, Frühlingsweiß. Lilium, Lilie. Loranthus, Riemenblume. Musa, Pisang. Narcissus, Narcisse. Ornithogalum, Milchstern. Peplis, After-Quendel. Phormium, Hanflilie. Scilla, Meerzwiebel. Tacca, Takka. Tillandsia, Tillandsie. Tulipa, Tulpe. Yucca, Yucca.

2. Ordn. Digynia, Zweiweibige: Oryza, Reis.

3. Ordn. Trigynia, Dreiweibige: Colchicum, Zeitlose. Corypha, Schirmpalme. Rumex, Ampher. Veratrum, Nieswurz. Triglochin, Dreizack.

4. Ordn. Polygynia, Vielweibige: Alisma, Froschlöffel.

7. Classe. Heptandria, Siebenmännige.

1. Ordn. Monogynia, Einweibige: Aesculus, Roßkastanie. Trientalis, Sternblume.

8. Classe. Octandria, Achtmännige.

1. Ordn. Monogynia, Einweibige: Acer, Ahorn. Balsamodendron, Balsambaum. Daphne, Seidelbast. Epilobium, Weiderich,

Erica, Heide. Fuchsia, Fuchsie. Lawsonia, Alkanne. Negundo, Eschhorn. Oenothera, Nachtkerze. Tropaeolum, Kapuzinerkresse. Vaccinium, Heidelbeere.

2. Ordn. Trigynia, Dreiweibige: Polygonum, Knöterich. Sapindus, Seifenbeerenbaum.

3. Ordn. Tetragynia, Vierweibige: Adoxa, Bisamkraut. Paris, Einbeere.

9. Classe. Enneandria, Neunmännige.

1. Ordn. Monogynia, Einweibige: Anacardium, Elephantenlausbaum. Camphora, Kampherbaum. Cinnamomum, Zimmtbaum. Laurus, Lorbeerbaum. Persea, Zimmtlorbeer. Sassafras, Sarsaparille.

2. Ordn. Trigynia, Dreiweibige: Rheum, Rhabarber.

3. Ordn. Hexagynia, Sechsweibige: Butomus, Wasserliesch.

10. Classe. Decandria, Zehnmännige.

1. Ordn. Monogynia, Einweibige: Arbutus, Erdbeerbaum. Boswellia, Weihrauchbaum. Caesalpinia, Brasilienholz. Cassia, Cassie. Dictamnus, Diptam. Dionaea, Venus-Fliegenfalle. Guajacum, Franzosenholz. Haematoxylon, Campecheholz. Hymenaea, Heuschreckenbaum. Ledum, Sumpfporst. Monotropa, Ohnblatt. Pyrola, Wintergrün. Rhododendrum, Alpenrose. Ruta, Raute. Styrax, Styrax. Swietenia, Mahagoni.

2. Ordn. Digynia, Zweiweibige: Dianthus, Nelke. Gypsophila, Gypskraut. Hydrangea, Hortensie. Saponaria, Seifenkraut. Saxifraga, Steinbrech. Scleranthus, Knäuel.

3. Ordn. Trigynia, Dreiweibige: Alsine, Vogelmiere. Arenaria, Sandkraut. Cucubalus, Taubenkropf. Erythroxylon, Rothholz. Silene, Silene.

4. Ordn. Pentagynia, Fünfweibige: Agrostemma, Rade. Cerastium, Hornkraut. Lychnis, Tagnelke. Oxalis, Sauerklee. Sedum, Fettkraut. Spergula, Spark.

5. Ordn. Decagynia, Zehnmännige: Phytolacca, Kermesbeere.

11. Classe. Dodecandria, Zwölfmännige.

1. Ordn. Monogynia, Einweibige: Asarum, Haselwurz. Canella, Zimmtbaum. Garcinia, Mangostane. Isonandra, Gutta-Percha-Baum. Lythrum, Weidenröschen. Peganum, Harmelkraut. Portulaca, Portulak. Rhizophora, Wurzelbaum.

2. Ordn. Digynia, Zweiweibige: Agrimonia, Odermennig.

3. Ordn. Trigynia, Dreiweibige: Euphorbia, Wolfsmilch. Reseda, Wau.

4. Ordn. Polygynia, Vielweibige: Sempervivum, Hauslaub.

12. Classe. Icosandria, Zwanzigmännige.

1. Ordn. Monogynia, Einweibige: Amygdalus, Mandelbaum. Caryophyllus, Gewürznelkenbaum. Cereus, Fackeldistel. Mamillaria, Warzendistel. Melocactus, Melonendistel. Metrosideros, Eisenmaaß. Myrtus, Myrtenbaum. Opuntia, Feigendistel. Philadelphus, Jasmin. Prunus, Pflaumenbaum. Punica, Granatbaum.

2. Ordn. Digynia, Zweiweibige: Crataegus, Hagedorn.

3. Ordn. Trigynia, Dreiweibige: Sorbus, Eberesche.

4. Ordn. Pentagynia, Fünfweibige: Aizoon, Immergrün. Mesembryanthemum, Zaserblume. Mespilus, Mispel. Pyrus, Birnbaum. Spiraea, Spierstaude. Tetragonia, Viereck.

5. Ordn. Polygynia, Vielweibige: Comarum, Blutauge. Fragaria, Erdbeere. Geum, Benedictenkraut. Potentilla, Fingerkraut. Rosa, Rose. Rubus, Himbeere. Tormentilla, Heilwurz.

13. Classe. Polyandria, Vielmännige.

1. Ordn. Monogynia, Einweibige: Actaea, Christophskraut. Bixa, Orleanbaum. Cambogia, Gummiguttbaum. Capparis, Kappern. Chelidonium, Schöllkraut. Cistus, Ciströschen. Helianthemum, Sonnenröschen. Mammea, Mammeibaum. Nuphar, Seeblume. Nymphaea, Seerose. Papaver, Mohn. Thea, Theestrauch. Tilia, Linde. Vateria, Baterie. Victoria, Victorie.

2. Ordn. Digynia, Zweiweibige: Paeonia, Päonie.

3. Ordn. Trigynia, Dreiweibige: Aconitum, Sturmhut. Delphinium, Rittersporn. Magnolia, Magnolie.

4. Ordn. Pentagynia, Fünfweibige: Aquilegia, Akelei. Nigella, Schwarzkümmel.

5. Ordn. Polygynia, Vielweibige: Adonis, Feuerröschen. Anemone, Windröschen. Anona, Flaschenbaum. Caltha, Dotterblume. Clematis, Waldrebe. Helleborus, Nieswurz. Illicium, Sternanis. Liriodendron, Tulpenbaum. Nelumbium, Wasserrose. Pulsatilla, Küchenschelle. Ranunculus, Hahnenfuß. Thalictrum, Wiesenraute. Uvaria, Traubenstrauch.

14. Classe. Didynamia, Zweimächtige.

1. Ordn. Gymnospermia, Nacktsamige: Ajuga, Günsel. Ballota, Andorn. Betonica, Betonie. Galeopsis, Hohlzahn. Glechoma, Gundermann. Hyssopus, Ysop. Lamium, Taubnessel. Lavandula, Lavendel. Majorana, Majoran. Melissa, Melisse. Mentha, Münze. Nepeta, Katzenmünze. Ocymum, Basilienkraut. Origanum, Dosten. Prunella, Braunelle. Satureja, Saturei. Scutellaria, Helmkraut. Teucrium, Gamander. Thymus, Thymian.

2. Ordn. Angiospermia, Bedecktsamige: Antirrhinum, Löwenmaul. Bignonia, Trompetenblume. Digitalis, Fingerhut. Euphrasia,

Augentrost. Lathraea, Schuppenwurz. Linaria, Leinkraut. Melampyrum, Wachtelweizen. Orobanche, Sommerwurz. Pedicularis, Läusekraut. Rhinanthus, Hahnenkamm. Scrophularia, Braunwurz. Sesamum, Sesamkraut.

15. Classe. Tetradynamia, Viermächtige.

1. Ordn. Siliculosa, Schötchentragende: Cochlearia, Löffelkraut. Isatis, Waid. Lepidium, Kresse. Thlaspi, Täschel.

2. Ordn. Siliquosa, Schotentragende: Brassica, Kohl. Cheiranthus, Lack. Crambe, Meerkohl. Erysimum, Hedrich. Nasturtium, Brunnenkresse. Raphanus, Rettig. Sinapis, Senf. Sisymbrium, Rauke.

16. Classe. Monadelphia, Einbrüderige.

2. Ordn. Pentandria, Fünfmännige: Erodium, Reiherschnabel. Passiflora, Passionsblume.

3. Ordn. Heptandria, Siebenmännige: Pelargonium, Kranichschnabel.

6. Ordn. Polyandria, Vielmännige: Acacia, Akazie. Adansonia, Affenbrodbaum. Althaea, Eibisch. Bombax, Wollbaum. Camellia, Camellie. Gossypium, Baumwollenstaude. Lavatera, Lavatere. Malva, Malve. Mimosa, Mimose. Sida, Sammetpappel.

17. Classe. Diadelphia, Zweibrüderige.

1. Ordn. Hexandria, Sechsmännige: Corydalis, Lerchensporn. Fumaria, Erdrauch.

2. Ordn. Octandria, Achtmännige: Polygala, Kreuzblume.

3. Ordn. Decandria, Zehnmännige: Anthyllis, Wundklee. Astragalus, Traganth. Cicer, Kichererbse. Colutea, Blasenstrauch. Coronilla, Kronenwicke. Cytisus, Goldregen. Ervum, Linse. Genista, Ginster. Glycyrrhiza, Süßholz. Hedysarum, Süßklee. Indigofera, Indigo. Lathyrus, Platterbse. Lotus, Schotenklee. Lupinus, Feigbohne. Medicago, Schneckenklee. Onobrychis, Esparsette. Ononis, Hauhechel. Phaseolus, Bohne. Pisum, Erbse. Pterocarpus, Santelbaum. Robinia, Akazie. Spartium, Besenpfriemen. Trifolium, Klee. Vicia, Wicke.

18. Classe. Polyadelphia, Vielbrüderige.

1. Ordn. Decandria, Zehnmännige: Theobroma, Cacao.

2. Ordn. Icosandria, Zwanzigmännige: Citrus, Citrone.

3. Ordn. Polyandria, Vielmännige: Hypericum, Johanniskraut. Melaleuca, Cajeputbaum.

19. Classe. Syngenesia, Zusammengesetztblüthige.

1. Ordn. Aequalis, Gleichförmige: Arctium, Klette. Bidens, Zweizahn. Carduus, Distel. Carlina, Eberwurz. Carthamus, Saflor. Chrysocoma, Goldhaar. Cichorium, Cichorie. Crepis, Pipau. Cynara, Artischocke. Eupatorium, Hanfdosten. Hieracium, Habichtskraut. Lactuca, Lattich. Leontodon, Löwenzahn. Scorzonera, Skorzonere. Serratula, Scharte. Sonchus, Gänsedistel. Tragopogon, Bocksbart.

2. Ordn. Superflua, Ueberflüssige: Achillea, Schafgarbe, Anthemis, Kamille. Arnica, Wohlverlei. Artemisia, Beifuß. Aster, Sternblume. Bellis, Maaßlieb. Chrysanthemum, Wucherblume. Erigeron, Berufskraut. Gnaphalium, Ruhrkraut. Inula, Alant. Matricaria, Kamille. Senecio, Kreuzkraut. Solidago, Goldruthe. Tagetes, Sammetblume. Tussilago, Huflattich. Xeranthemum, Strohblume. Zinnia, Zinnie.

3. Ordn. Frustranea, Vergebliche: Centaurea, Flockenblume. Cnicus, Heildistel. Helianthus, Sonnenblume.

4. Ordn. Necessaria, Nothwendige: Calendula, Ringelblume.

5. Ordn. Segregata, Getrennte: Echinops, Kugeldistel.

20. Classe. Gynandria, Mannweibige.

1. Ordn. Monandria, Einmännige: Epidendrum, Vanille. Epipactis, Sumpfwurz. Listera, Zweiblatt, Neottia, Nestwurz. Ophrys, Ragwurz. Orchis, Knabenkraut.

2. Ordn. Diandria, Zweimännige: Cypripedium, Frauenschuh.

3. Ordn. Hexandria, Sechsmännige: Aristolochia, Osterluzei.

21. Classe. Monoecia, Einhäusige.

3. Ordn. Triandria, Dreimännige: Carex, Riethgras. Sparganium, Igelkolben. Typha, Rohrkolben. Zea, Mays.

4. Ordn. Tetrandria, Viermännige: Alnus, Else. Buxus, Buchsbaum. Morus, Maulbeerbaum. Urtica, Nessel.

6. Ordn. Hexandria, Sechsmännige: Alfonsia, Alfonsie. Areca, Arekapalme. Cocos, Cocospalme. Elaeis, Oelpalme. Sagus, Sagopalme.

7. Ordn. Polyandria, Vielmännige: Antiaris, Upasbaum. Arum, Aronstab. Begonia, Schiefblatt. Betula, Birke. Carpinus, Hainbuche. Castanea, Kastanie. Chamaerops, Zwergpalme. Colocasia, Colocasie. Corylus, Haselnuß. Fagus, Buche. Juglans, Wallnuß. Liquidambar, Amberbaum. Pilophora, Muffpalme. Platanus, Platane. Poterium, Wiesenknopf. Quercus, Eiche. Richardia, Richardie.

8. Ordn. Monadelphia, Einbrüderige: Bryonia, Zaunrübe. Cucumis, Gurke. Cucurbita, Kürbiß. Cupressus, Cypresse. Garcinia, Mangostane. Hippomane, Mancinellenbaum. Jatropha, Maniok. Larix, Lärchenbaum. Pinus, Fichte. Ricinus, Wunderbaum. Siphonia, Kautschukbaum. Stillingia, Talgbaum. Thuja, Lebensbaum.

22. Classe. Dioecia, Zweihäusige.

1. Ordn. Monandria, Einmännige: Pandanus, Pandane.

2. Ordn. Diandria, Zweimännige: Salix, Weide.

3. Ordn. Triandria, Dreimännige: Ficus, Feigenbaum.

4. Ordn. Tetrandria, Viermännige: Broussonetia, Papiermaulbeerbaum. Hippophaë, Sanddorn. Myrica, Gagel. Viscum, Mistel.

5. Ordn. Pentandria, Fünfmännige: Cannabis, Hanf. Ceratonia, Johannisbrodbaum. Humulus, Hopfen. Spinacia, Spinat.

6. Ordn. Hexandria, Sechsmännige: Borassus, Fächerpalme. Dioscorea, Yamswurzel. Maba, Ebenholzbaum. Mauritia, Mauritiuspalme. Phoenix, Dattelpalme. Smilax, Stechwinde. Tamus, Schmeerwurz. Calamus, Rotang.

7. Ordn. Octandria, Achtmännige: Diospyros, Ebenholz-Dattelpflaume. Populus, Pappel.

8. Ordn. Enneandria, Neunmännige: Bootia, Bootie. Hydrocharis, Froschbiß. Mercurialis, Bingel. Semecarpus, Elephantenlausbaum.

9. Ordn. Decandria, Zehnmännige: Carica, Melonenbaum.

11. Ordn. Polyandria, Vielmännige: Stratiotes, Wasseraloe.

12. Ordn. Monadelphia, Einbrüderige: Juniperus, Wachholder. Myristica, Muskatnußbaum. Taxus, Eibenbaum.

23. Classe. Polygamia, Vielehige*).

1. Ordn. Monoecia, Einhäusige: Acacia, Akazie XVI, 6. Acer, Ahorn VIII, 1. Anthoxanthum, Ruchgras II, 2. Atriplex, Melde V, 2. Ceroxylon, Wachspalme XXI, 7. Chamaerops, Zwergpalme XXI, 7. Cinnamomum, Zimmtbaum IX, 1. Garcinia, Mangostane XXI, 8. Holcus, Honiggras III, 2. Hordeum, Gerste III, 2. Negundo, Eschhorn VIII, 1. Mimosa, Sinnpflanze XVI, 6. Musa, Pisang VI, 1. Panicum, Hirse III, 2. Sorghum, Sorgho III, 2. Triticum, Weizen III, 2. Veratrum, Nieswurz VI, 3.

2. Ordn. Dioecia, Zweihäusige: Calamus, Rotang XXII, 6. Corypha, Schirmpalme VI, 3. Diospyros, Ebenholz-Dattelpflaume XXII, 7.

---

*) Viele Botaniker lassen diese Classe ganz weg und vertheilen die dahin gehörigen Pflanzen in die, durch die hinzugefügten Zahlen angedeuteten übrigen Classen und Ordnungen.

Fraxinus, Esche II, 1. Mauritia, Mauritiuspalme XXII, 6. Rhamnus, Kreuzdorn V, 1.

3. Ordn. Polyoecia, Vielhäusige: Adonis, Sommerröschen XIII, 5. Ceratonia, Johannisbrodbaum XXII, 5. Ficus, Feigenbaum XXII, 3.

24. Classe. Cryptogamia, Verborgenblüthler.

1. Ordn. Verticillatae, Quirlästige: Chara, Armleuchter. Equisetum, Schachtelhalm.

2. Ordn. Filices, Farrenkräuter: Aspidium, Schildfarrn. Asplenium, Streifenfarrn. Blechnum, Rippenfarrn. Botrychium, Mondraute. Ceratopteris, Hornfarrn. Cyathea, Tutenfarrn. Lycopodium, Bärlapp. Ophioglossum, Natterzunge. Osmunda, Traubenfarrn. Pilularia, Pillenkraut. Polypodium, Engelsüß. Pteris, Saumfarrn. Salvinia, Wasserfarrn.

3. Ordn. Musci, Moose: Polytrichum, Wiederthon. Sphagnum, Torfmoos.

4. Ordn. Hepaticae, Lebermoose: Jungermannia, Jungermannie. Marchantia, Marchantie.

5. Ordn. Algae, Algen: Conferva, Wasserfaden. Diatoma, Bruchfaden. Fucus, Blasentang. Haematococcus, Blutkorn. Helminthochortos, Wurmmoos. Laminaria, Riementang. Sargassum, Beerentang. Sphaerococcus, Knopftang. Ulva, Blattalge.

6. Ordn. Lichenes, Flechten: Cetraria, Schuppenflechte. Cladonia, Rennthierflechte. Parmelia, Schüsselflechte. Roccella, Lakmusflechte. Variolaria, Pockenflechte.

7. Ordn. Fungi, Pilze: Agaricus, Blätterpilz. Boletus, Röhrenpilz. Cantharellus, Pfifferling. Clavaria, Keulenschwamm. Erysiphe, Mehlthau. Helvella, Steinmorchel. Merulius, Hausschwamm. Morchella, Morchel. Mucor, Schimmel. Onygena, Hornstäubling. Polyporus, Löcherpilz. Spermoëdia, Mutterkorn. Tuber, Trüffel. Uredo, Rost. Ustilago, Rußbrand.

Register

über die lateinischen Namen der Gattungen und Familien.

Anmerkung. Die erste, mit arabischen Ziffern geschriebene Zahl zeigt die Familie an; L. bedeutet Linné, die darauf folgende mit lateinischen Ziffern geschriebene Zahl zeigt die Klasse, die dann folgende arabische Ziffer die Ordnung im Linnéischen Systeme an, in welche jede Gattung gehört.

A.

D.

E.

Register

über die deutschen Namen der Gattungen und Familien.

T.

U.

V.

W.

Y.

Z.

FSC
www.fsc.org
MIX
Papier | Fördert
gute Waldnutzung
FSC® C083411

Kolibri 360 GmbH
Ferdinand-Jühlke-Straße 7
99095 Erfurt, Deutschland
produktsicherheit@kolibri360.de